U0669754

無 MU = （最高の状態）The Best Condition

无：

生命的最佳状态

[日] 铃木祐 ◎著

陈韵雅 ◎译

山东人民出版社 · 济南
国家一级出版社 全国百佳图书出版单位

图书在版编目（CIP）数据

无：生命的最佳状态 / （日）铃木祐著；陈
韵雅译 . — 济南：山东人民出版社，2024.5
ISBN 978-7-209-14984-6

Ⅰ . ①无… Ⅱ . ①铃… ②陈… Ⅲ . ①人生哲学—通
俗读物 Ⅳ . ① B821-49

中国国家版本馆 CIP 数据核字 (2024) 第 033979 号

MU (SAIKO NO JOTAI)
Copyright © Yu Suzuki 2021
Chinese translation rights in simplified characters arranged with Cross Media Publishing
through Japan UNI Agency, Inc., Tokyo

山东省版权局著作权合同登记号 图字：15-2023-186

无：生命的最佳状态
WU：SHENGMING DE ZUIJIA ZHUANGTAI
［日］铃木祐 著　陈韵雅 译
责任编辑：张波　　特约编辑：王世琛　　封面设计：Yuutarou

主管单位　山东出版传媒股份有限公司
出版发行　山东人民出版社
出 版 人　胡长青
社　　址　济南市市中区舜耕路 517 号
邮　　编　250003
电　　话　总编室（0531）82098914
　　　　　市场部（0531）82098027
网　　址　http://www.sd-book.com.cn
印　　装　天津联城印刷有限公司
经　　销　新华书店

规　　格　32 开（125mm×185mm）
印　　张　8.5
字　　数　110 千字
版　　次　2024 年 5 月第 1 版
印　　次　2024 年 5 月第 1 次
ISBN 978-7-209-14984-6
定　　价　59.80 元
如有印装质量问题，请与出版社总编室联系调换。

本书旨在消除你的不安和担忧，

帮你找回与生俱来的潜力。

你担忧的事97%不会真的发生。

你知道这样一项研究吗？人们常说，自己的烦恼和忧虑大多是杞人忧天。实际上，这一点已经得到相关研究的证实。

其中最有名的是康奈尔大学医学院的罗伯特·L.莱希进行的一项调查研究。该研究团队召集了一些患焦虑症的人，让他们在两周的时间内记录自己平日的担忧以及担忧的事是否会发生。最后，他们得出以下结论：

患焦虑症的人担心的事85%不会发生。

即使担心的事发生了，79%的结果也比预期的要好。

结果比预期更差的情况只占总体的3%。

简言之，97% 的担忧都是杞人忧天。

想必这个结论会引起许多人的共鸣。

重要演讲带来的压力、对体检复查的恐惧、对新生活的忧虑……我们担心的事实际上并没有想象得那么严重。大家应该都有类似的经历。

正因如此，才总是有人建议我们赶快舍弃那些不必要的痛苦。

享受当下，先行动起来，忽略不重要的事，活出自己的风采，坚持自我……

然而，听从以上建议并从根本上解决问题的人很少，这是不争的事实。虽然短时间内心情会变好，但是如果简单的一句"别在意"就能解决烦恼，我们可能一开始就不会觉得辛苦。

事实上，日本厚生劳动省（日本负责医疗卫生和社会保障的政府部门）的调查显示，认为现在的生活给自己带来很大压力的劳动者占比超过 58%，工作时感到忧虑和辛劳的人数也在逐年增加。其中，年轻人的问题最严重，10 ~ 30 岁的日本人中，78.1% 对自己的未来感到焦虑。

存在以上问题的不仅仅是日本。根据近年的跨国研究，在许多国家，30% 以上的人曾患抑郁症或焦虑症。人们最常见的烦恼有以下几种：

容易精神疲劳，总是感觉疲惫。

生活在幸福的环境中却感觉不到幸福。

虽然没有感到不幸，但是感觉不到活着的意义。

对未来没有积极的期待，想逃避一切。

被别人无意中说的话伤害，总是不能释怀。

感觉人生存在某些困难，不能安稳度日的人越来越多，这似乎是一种世界性的趋势。我们担忧的事 97% 不会发生，人们的痛苦却绵延不绝，这到底是为什么呢？

表面上的原因不胜枚举：对公司的政策感到不满；交不到朋友而被孤独折磨；想要被人认可的念头过于强烈，导致被人厌恶；无论如何都感觉不到活着的意义……

暂且不论这些想法是否正确，每个问题都有不同的原因，一一应对是不太现实的。

因此，本书尝试采用更具有普适性的方法。这种方法可以粗略地概括为以下两个步骤：

①思考人生"痛苦"的本质。

②找到所有"痛苦"的共同点，制订更具有普适性的对策。

无论是治疗疾病还是预防事故，如果不了解根本原因，就无法制订对策。我们的烦恼和担忧也是一样的，如果不去深入思考痛苦到底是什么，那么不管对自己说多少遍"不要在意那些小事"，也只能是治标不治本。就像爱因斯坦说的那样："我们今天所面对的重大的问题，仅凭创造问题时的思维水平是无法解决的。"

随着神经科学和生物学研究的发展，揭示这种痛苦的本质逐渐成为可能。其中，关于大脑的研究成果最为显著。现如今，对于焦虑、愤怒、孤独、虚无等诸多负面的情感，我们都可以从更高的视角出发，寻找新的对策。

与其具体地解决各种有关痛苦的问题，不如先找出所有痛苦的相同之处，然后基于这些相同之处制订具有普适性的对策，引导你的精神机能达到最佳状态。这就是本书的目的。

这里所说的最佳状态，是指你与生俱来的判断力、共情能力、好奇心等能力能够得到充分发挥的状态。对此，后面的章节还会进行详细叙述。焦虑和偏见蒙蔽了我们的双眼，如果能将它们去除，我们的决策能力会得到提高，对待他人也会更加宽容。这时，悲观的人情绪会更加稳定，乐观的人会变得更加幸福、拥有更强的判断力。

也许这些话听起来不太可信，但我确实像许多人一样，从小就经历了与人生苦难斗争的过程，本书介绍的方法让我受益匪浅。

从幼时起，我的社交焦虑和谨慎的性格就给我的人生埋下了烦恼的种子。在工作上，一点儿小失误可能就会让我病倒；跟一群人交谈过后，我会因为疲惫不堪而昏昏睡去。即便如此，我想被人认同的欲望比任何人都要强烈，所以常常感觉力不从心。胆小如鼠、优柔寡断，却好高骛远，这就是我当时的真实写照。

自从开始运用本书中介绍的技巧，十几年来，我的身上发生了一些很有趣的变化。不知从何时起，工作和人际关系已经不会给我带来压力。从前我总是会想："如果失败了该怎么办？"后来，我逐渐开始思考"怎样才能让现在的情况得到改善"。从前，我的呼吸似乎总是浅浅的。后来，我的呼吸似乎渐渐变重了，我获得了一种之前从未有过的平稳心态。

诚然，我软弱的性格本质上并没有发生改变。即使是现在的我，心中也常常涌起负面的情感，陷入思维的旋涡。在这个方面，我还在学习的过程中。但是与过去相比，我对待痛苦的方式的确发生了改变。

本书介绍的技巧基本得到了神经科学或脑科学研究数据的支持。只要付诸实践，相信很多人会有所收获。只有摆脱痛苦的枷锁，我们与生俱来的能力才能发挥出十二分的效果。

目录

I

第 2 章　　**虚构**：自我是由"故事"构成的

尾 声

苦

人类的默认设置

1

人类是"生来悲观"的生物

"人，生来即苦。"

2500 年前，佛教的鼻祖释迦牟尼如此断言。他认为，世上的事物给人带来的皆是痛苦的体验，而我们的生命终将陨落并归于尘土。这就是人生的真谛。

可能很多人都会下意识地对这种想法产生抵触。

"我的人生虽然说不上有多么幸福，但每天的生活也不是全都充斥着痛苦。"

这种想法才应当是最普遍的。

然而，佛祖并没有盲目地认为人生是不幸的。在古印度，"苦"（dukkha）是一个包括空虚、不愉快、对生活不顺的烦躁等广泛含义的概念，它代表的不仅仅是对人生感到绝望和苦恼的那种极端状态。

不管你多么喜欢自己的工作，也不免在工作过程中感到乏味，或者在进展不顺时感到烦闷。在日常生活中，我们也会时常感到不满足，会因为突然想起令人不快的往事而沉浸在悲伤中。

正如夏目漱石所言："纵然是看上去漫不经心的人，叩问他们的心灵深处，总能听到悲伤的音色。"这样看来，即便将人生看作不满与不快的联合体，也不是什么不寻常的想法。简言之，佛祖真正想说的是："苦是人类的默认设置。"

近来，这种说法也开始得到科学研究的支持。

你听说过"负面偏见"吗？与正面信息相比，人类更易受负面信息的影响，越负面的事件越容易留存在记忆中。这种心理就叫作负面偏见。

假设公司给你发了 6 万元奖金，而就在同一天，你的爱车的发动机坏了，花了 6 万元才修好。1 个月后，你对哪件事的记忆会更加清晰呢？

碰到这种情况，很多人都会忘记收到奖金的喜悦，取而代之的是，他们会一直为 6 万元的修理费感到烦忧。这是因为我们的大脑本就更善于记忆负面事件。

喜欢的名人曝出丑闻，就连看他一眼你都感觉厌烦。

尊敬的上司发表了有关种族歧视的言论，大家马上与他保持距离。

演讲很顺利，但是一处失误总在脑海中挥之不去。

想必每个人都有以上经历。媒体充斥着悲观的新闻，制造恐慌的假新闻反而更容易传播……这都是因为我们的大脑更容易注意负面信息。

2　3 个月大的婴儿也会悲观

　　研究显示，在不同的情况下，负面信息的强度是正面信息的 3～20 倍左右。对于"出门那天下雨了""摔伤了"这类日常生活中的不幸事件，负面信息的强度大约是正面信息的 3 倍。在和朋友、恋人吵架这种与人际关系有关的问题上，负面信息的强度是正面信息的 5～6 倍。如果是虐待、事故这种创伤性事件，负面信息的强度会骤增至正面信息的 20 倍以上。

　　在进一步的实验中，人们让 3 个月大的婴儿观看时长数秒的动画短片，短片中出场的是三角形、四边形等简单的形象。通过实验，人们观察到十分有趣的现象：对于互相帮助的形象，婴儿注视的时长约为 13 秒；而对于欺负他者的形象，婴儿的脸上出现了不快的表情，注视时长只有短短6秒。

即使是3个月大的婴儿，也会试图回避讨厌的角色。这说明对人类来说，负面偏见是相当普遍的。如果你对负面刺激的反应更强烈，绝对不是因为你的人格扭曲了，而是因为这是所有人类都具备的心理机制。

更加不利的是，人类还具备"越正面的信息停留在记忆中的时间越短"这种心理机制。社会心理学家戴维·迈尔斯针对人类的幸福感进行研究，得出了这样的结论：

"热情的爱意、精神上的亢奋、获得新物品的喜悦、成功的爽快感……所有愉快的体验都仅仅存在于当时。这一点再怎么强调也不为过。"

在心理学中，这种现象被称作"快乐水车"，指的是人类的快乐总会停留在同一个位置，就像在转轮中奔跑的仓鼠永远都无法前进一样。"快乐水车"的存在已经得到相关研究的反复证实，其中最有名的是1978年的一项研究。这项经典的研究以彩票中奖者为对象，对他们的心理状态进行调查。大部分调查对象的幸福感都仅在刚中奖的时候有所上升。半年后，几乎所有人的心理状态都恢复到原先的水平。

就算拿到了数十万甚至数百万元的奖金，高幸福感的状态似乎也不会一直持续下去。

即使不考虑这样极端的事例，我们应该也都有类似的经历。另一项研究表明：搬到新家的喜悦平均 3 个月就会减退；工资上涨的喜悦会在 6 个月后消失；与喜欢的对象成为恋人的幸福感会在 6 个月后减弱，大约 3 年后就会回归到基础水平。无论是获得一笔巨款、改变住处，还是与所爱之人结合，那份喜悦最终都会消失。

3

在原始社会，对负面信息敏感的人比较容易适应环境

人的大脑具备 2 个与情感相关的机制：

①不愉快的事的影响会持续很久。

②愉快的事很快就会忘记。

幸福转瞬即逝，痛苦却会以数倍的强度持续留在记忆中。如此一来，我们会感到生活艰辛也就不足为奇。"苦"的确是人类精神世界的默认设置。

"苦"之所以成为人类的默认设置，是因为它有利于人类生存。

在我们的祖先智人的生存环境中，存在许多现代人难以想象的威胁。他们出去打猎时可能会遭到狮子和蛇的袭击，气候不好就只能忍饥挨饿，感染蚊虫传

播的疟疾或登革热就只能等待死亡。还有人在部落间的斗争中失去生命——在出土于苏丹沙漠、距今约1.5万年前的智人遗体上，可以看到被捆住手脚殴打致死的痕迹。在智人生活的环境中，猎食、饥饿、传染病、暴力都是家常便饭。

想在充满威胁的环境中生存下去，尽量胆小一些才是最优解。

那个可疑的影子是猛兽吗？那阵狼烟是否预示着敌人的袭击？同伴的冷漠是不是背叛的前兆？

越是能够察觉微小异常的个体，才越有可能将基因传递给后代。在原始社会，对负面信息更敏感、能长时间保留这种记忆的个体更能适应环境。

而像对待负面信息一样去重视正面信息是没有任何道理的。例如，虽然某片猎场猎物丰富，但是曾经有一个人在那里丧命。面对这样的情况，只要避免在那里狩猎就不会有危险——就算捕不到猎物，可人能再活一段时间，而生命一旦失去就无法挽回。如果仅仅一次失败就能决定生死，那么在这种环境中，与危险相关的信息就显得尤为重要。

现代人继承了这种感觉。只要察觉到一丝危险，我们的大脑就会分泌肾上腺素，全身都处于警戒状态。这个过程比大脑的理性系统运作得还要快，我们根本没有判断信息正误的时间。

于是，现代人的心理开始出现功能不全的迹象。在充斥着危险的原始社会，人类的警戒系统尚能充分发挥作用。而到了现代，由于环境变得更加安全，这些机制就不能正常运作了。

这方面最具代表性的例子之一就是假新闻。麻省理工学院的一项研究显示，具有科学性、正确性的事实仅能传播给 1000 多人，危言耸听的假新闻却能在 10 万人以上的范围内传播。这无疑是原始的心理机制导致过敏反应的典型事例。

现代人的心理功能不全还表现在以下几个方面。

孤独感

近十多年来，孤独感在全世界范围内都呈现增加的趋势。在对来自世界各国的共计约 4 万人的调查中，人们发现，越年轻的人越会为孤独所烦忧，在个人主义盛行的国家，孤独感尤为强烈。不仅英国政府认为"孤独感是全国各地都应尽力解决的社会问题"，在日本，感觉"自己很孤独"的 15 岁青少年的比例也上升至 29.8%。我们不难发现，无论在社交媒体上有多少关注者，无论怎样与他人交际，现代人的内心不知为何总是无法得到满足。

抑郁与焦虑

抑郁与焦虑人群增加也是世界性的问题之一。一项以来自 26 个国家的约 15 万人为对象的研究评估了各国的幸福水平，得出以下结论："在现代，越是富裕的国家，患焦虑障碍的人越多，对国民健康造成了损害。"具体来说，贫穷国家和富裕国家的焦虑障碍发病率相差 3 倍以上，而且越年轻的人群越容易被这类问题困扰。

完美主义

关于完美主义，诸多心理学家为人们敲响了警钟。约克圣约翰大学等高校的一项元分析收集了来自日本等发达国家的约 2.5 万人的数据。分析结果显示，自 20 世纪 90 年代起，世界范围内被完美主义困扰的人越来越多。另一项研究的数据显示：越是具有完美主义倾向的人，越不能接受失误或失败，他们更容易因为畏惧他人的目光而选择自杀。

4 人类真的无法摆脱痛苦吗

痛苦的种子天生就埋藏在我们的基因中，现代人特有的心理功能不全却让它显露无遗。面对这个难题，我们究竟能做些什么呢？

显而易见的是，基因的问题我们无从解决，改变环境的能力也有限。没有人能阻止世界的现代化进程，人们现在的生活也不可能轻易被改变。

不过，我们能够想到很多微小却切实的方法。

尝试积极地思考、享受自然、有规律地生活、关注自己能做到的事、尝试设立人生目标、夸奖自己、保证睡眠、多运动……

以上无论哪种方法都没错，而且多项实验结果证实，它们的确具有一定的缓解压力、提升幸福感的效果。只要愿意去实践，我们就能在一定程度上受益。而且，只要能够稍微减轻人生的痛苦，就有尝试的价值。

但是，仅凭这些方法，我们依旧无法从根本上改变人生中无所依靠的孤寂感。

无论用什么样的方法去抗争，一切似乎都是徒劳，"苦是人类的默认设置"这一点根本不会动摇。无论哪一种幸福，最终都会回归到基础水平，我们只会再次成为默认设置的傀儡。

日本江户时代首任幕府将军德川家康的家训有言："人之一生，如负重担，如行远路，不可急躁。"难道我们最终只能像这句话所说的那样"负重前行"吗？我们是否应该认识到人类终究无法摆脱痛苦，默默地归于尘土呢？

第 1 章

自我

生存的"工具箱"

1

为什么半身不遂的黑猩猩也很幸福呢

黑猩猩雷欧生活在京都大学的灵长类研究所。2006 年，它因脊髓炎变得半身不遂。由于雷欧几乎卧床不起，教师与学生开始寸步不离地照顾它。

由于脖子以下的部位动弹不得，它失去了行动的自由；由于病床和身体的压迫，血液流通不畅，它的细胞开始坏死，全身疼痛难忍。如果人类遇到这种情况，大抵会对人生感到绝望，患抑郁症也不足为奇。

然而，雷欧丝毫没有显露出绝望的神情。尽管会对身体的疼痛和饥饿有所"埋怨"，但是除此之外，它从来没有表达过痛苦，有时甚至会以微笑示人，表现得从容不迫。雷欧的尿检结果表明，它的压力激素保持在正常水平，它似乎并没有把半身不遂的苦难放在眼里。

雷欧一直脚踏实地地进行康复训练，1年后，它可以重新坐起来了；3年后，它恢复了走路的能力。面对这种困境，人类随时都有可能被绝望淹没，雷欧却能够时刻保持一颗平常心。

当然，讲述这个事例并非为了强调动物没有痛苦。痛苦的情感在所有哺乳动物身上普遍存在。

例如，在印度的动物保护区，时常有人看到一群大象围着老死的同伴落泪的场面；山羊在与同伴分离时发出的叫声频率与它们在"亲人"去世时发出的叫声频率一致；发现饲料分配不公平时，猴子会对饲养员竖起毛发来表达愤怒；如果幼鲸死亡，它们的父母会带着孩子的遗体慢慢地游动……

我们无法准确判断每个个体究竟有怎样的感受，但是近年来，随着MRI（磁共振成像）研究的进展，人们发现，面对负面的事件，人类与动物大脑的同一区域会被激活。考虑到已知的所有事实，我们理应认为哺乳动物都具有痛苦的情感。

尽管如此，动物与人之间还是存在一个重要的差异——动物不会将痛苦复杂化。

对人类而言，一场悲剧会让痛苦持续数年之久，困境会让人焦虑到难以安睡。动物却只会短暂地表现出负面的情感，之后会很快恢复到从前的状态。人类饲养的动物会出现近似于抑郁症或神经症的行为，而野生动物从来都不会被慢性焦虑或抑郁困扰，人们也从未在它们身上观察到患精神疾病的迹象。

2 人之所以会痛苦，是因为需求没有得到满足

因为他人说的坏话一直愤懑不已、为自己的失败感到无尽的羞耻、对将来的生活或健康状态感到持续的焦虑……在这个地球上，我们是唯一拥有这些情感的生物。同为哺乳动物，为什么只有人类会在痛苦的问题上钻牛角尖呢？

我们可以简单地认为，这是因为我们拥有比动物更高的智力水平。动物既没有计算养老所需资金的能力，也没有对过去的失败感到后悔的头脑。既然没有人类那样复杂的烦恼，自然就不会感受到深刻的痛苦。

但是这种想法并不能解释黑猩猩雷欧表现出的生活态度。因为半身不遂，它脖子以下的部位都动弹不得。不论对于动物还是人类，这样的痛苦应该都没有

太大的区别。然而人类却不能像动物一样保持平常心，由此可以认为，人类身上有某些特殊的原因。

为了找到解答问题的关键，我们首先来思考一下"情感"的概念。究竟是怎样的状况才会让我们感到痛苦呢？当负面情感来袭，我们的内心会发生怎样的变化呢？请想象以下几种场景：

孩子不听话，忍不住发脾气。

朋友不回消息，所以焦躁不安。

工作很努力，工资却不涨，所以失去了动力。

谎言被上司或同事拆穿，想要逃离现场。

愤怒、焦虑、悲伤、羞耻、空虚都是平常会出现的情感，但具体引发痛苦的种类有所不同。这些情感的共同点到底是什么？

如果先从结论说起，那么我们可以将其总结为"需求没有得到满足的状态"。

想让别人听从自己的话、想知道朋友的反应、想让同事一直信赖自己、想给人学识渊博的印象、想让努力有所回报……

即使表现出的情感各不相同，假若心中没有任何不满，没有人会长时间体会负面的情感。本质上，这些情感都让我们感觉到"失去了重要的东西"或"缺少某些必要的东西"。也就是说，痛苦起到了向我们传达有关"缺失"的信息的作用。

这种功能是在人类进化的过程中形成的。

虽然对于每种情感如何进化而来还存在一些争议，但是我们可以确定，恐惧和喜悦这类对个体的生存有所助益的情感应该是最先诞生的。恐惧会促使我们保护自身免受外敌的侵害，喜悦则会迫使我们不放过进食或生殖的机会。

接着，随着我们的祖先开始群居生活，我们的大脑中又出现了其他的情感。和别人一起生活要比一个人生活复杂很多，所以我们要尽可能地获得他人的援助，还要尽量降低遭人背叛的可能性。于是，进化的压力让我们产生羞耻、嫉妒、关爱等新的情感。它们被称作社会性情感，分别具有以下功能：

• 愤怒：告诉我们自己重要的底线被人冒犯。

- 嫉妒：告诉我们别人拥有重要的资源。
- 恐惧：告诉我们身边可能存在危险。
- 焦虑：告诉我们不好的事物正在接近。
- 羞耻：告诉我们自己的形象受损。

如果没有这些情感，我们就无法察觉到危险的到来，重要的东西被夺走也不会试图取回。在这一层面上，负面的情感并非敌人，它们更像是为了保护我们而对我们关怀备至的乳母。既然如此，为什么只有人类会与痛苦纠缠不休呢？

3

真正的痛苦取决于是否被"第二支箭"射中

在早期佛教经典著作《杂阿含经》中，记载着这样一则故事：

距今 2500 年前，在古代印度摩揭陀国的竹林精舍，释迦牟尼向弟子们提出了一个问题。

"无论是普通人还是佛家弟子，大家都是人类。因此，佛家弟子会感到喜悦，有时也会感到不快或忧伤。那么，普通人和佛家弟子到底有什么区别呢？"

说起开悟之人，我们常常觉得他们的内心不会为任何事所动摇。然而佛祖想要告诉弟子，他们与常人一样拥有喜怒哀乐，二者真正的区别体现在其他方面。

　　面对百思不得其解的弟子们，释迦牟尼说道：

　　"普通人与佛家弟子的区别在于，他们是否会被'第二支箭'射中。"

　　生物在生存的过程中，一定程度上的痛苦是无法避免的。例如捕食者的袭击、恶劣气候导致的饥饿、意外患病等，各种各样的苦难会平等地降临在每个个体身上。所有痛苦的出现都是随机的，拥有再高的智慧也不可能预知它们的到来。

　　这些痛苦就是"第一支箭"。

　　没有生物能够逃离与生存相伴而生的最根本的苦难，我们都不得不接受最初的这份痛苦。《杂阿含经》将这一绝对的事实比作被"第一支箭"射中的状态。

　　不过，许多人都会在这之后射出"第二支箭"。

　　假设你与黑猩猩雷欧一样变得半身不遂，虽然你的意识很清醒，但脖子以下的部位不能动弹，只能一直躺着接受别人的照顾。

在这一事例中，"第一支箭"就是半身不遂的症状带来的痛苦。身体不能随心所欲地活动，这份最初的痛苦是无论如何也改变不了的。

接着，你应该会继续往下思考。

为什么只有自己遭这份罪，身体不能动的话家人怎么办，一味接受他人的照顾感到很抱歉，自己的人生要完了……

这些想法就是"第二支箭"。对"半身不遂"这支箭做出反应的大脑产生了各种各样的想法，随之而来的新的愤怒、焦虑、悲伤会接二连三地将你射中，痛苦就会越来越深刻。

即使不至于达到半身不遂这种极端的状态，每个人也应该都体验过被"第二支箭"射中的感受：

• 被上司无缘无故地批评（第一支箭），因思考"是自己做错了事，还是那个人没有资格做领导"而苦恼不已（第二支箭）。

• 面对同事晋升（第一支箭），常常责怪自己，认为"是不是我的能力太弱了"（第二支箭）。

• 面对存款减少（第一支箭），担心"这样下去未来的生活会怎么样"，变得越来越焦虑（第二支箭）。

生活在现代社会，让一切都止步于"第二支箭"已经是最好的结果，因为许多人还会接着用第三支箭、第四支箭射伤自己。

"没有存款的话，未来的生活会怎么样（第二支箭）？这都是因为自己不善于规划和忍耐（第三支箭）。前段时间在工作上被上司批评，也是因为自己缺少做计划的能力（第四支箭）……"

像这样，最初的烦恼会与其他烦恼联系起来。在心理学上，在头脑中反复思考同样的烦恼的状态被称作"反刍式思考"。它让本该被遗忘的过去的失败或对未来的焦虑反复在头脑中重现，就像牛将胃中的食物送回口中重新咀嚼一样。

反刍式思考的危害不可估量。多项元分析指出，反刍式思考不仅与抑郁和焦虑障碍存在强相关性，进行反刍式思考较多的人罹患心脏病和中风的风险更高，早逝的概率也会增高。如果否定的思维和不美好的画面总是在脑海中盘旋，用不了多长时间，我们的心灵就会生病。

4 愤怒其实只能持续6秒

不管遇到怎样艰难的处境，痛苦都止步于"第一支箭"会怎么样呢？

疾病带来的最初的痛苦是无法回避的，但是只要我们自己不射出"第二支箭"，不让痛苦唤醒新的痛苦，就不会陷入恶性循环。这样一来，痛苦就会马上消逝，就可以用剩余的精力做一些更有建设性的事情。

虽然听起来有些难以置信，但这绝非无稽之谈。近年来的研究表明："第一支箭"的威胁并不会像我们想象的那样长久地持续下去。

假设某个人骂了你。这时候，你脑内的边缘系统会释放肾上腺素、去甲肾上腺素等神经递质，将心理与身体切换到"战斗模式"。人生气时身体会发热，全身的肌肉会变得紧绷，这些都是神经递质造成的。如果放任不管，你就会立刻对对方恶语相向，或者出手打人。然而，如果稍微等待一段时间，主管理智的大脑前额叶就会开始抑制边缘系统的活动，神经递质的影响也会渐渐消失。前额叶的启动大约需要 4 ～ 6 秒，再过 10 ～ 15 分钟，肾上腺素和去甲肾上腺素的作用几乎全部消失，你的怒火就会平息下来。也就是说，被骂了，只需要忍耐 6 秒，就能挺过"第一支箭"带来的痛苦。

想要抵抗眼前的诱惑，也可以使用同样的策略。

在普利茅斯大学的一项实验中，研究人员首先请实验对象"想一想你现在最想吃的东西"，让他们自由地想象咖啡、尼古丁或喜欢的点心等自己喜欢的东西，从而激发他们的欲望。接着，研究人员让半数实验对象玩了 3 分钟俄罗斯方块。这时，有趣的变化发生了。与另一组不玩游戏的实验对象相比，玩了游戏的实验对象的欲望水平下降了 24%，咖啡和尼古丁的吸引力对他们来说也没有原先那么强了。

出现这种现象的原因与前面提到的怒火消失的原因相同，即神经递质的影响减弱了。

通常来说，面对想要的东西，人脑会分泌多巴胺，它会让欲望越来越强烈。多巴胺的释放会引起人们强烈的欲望，一旦被它影响，几乎没有人能够逃脱。

但是，如果在产生欲望后马上用俄罗斯方块来暂时转移注意力，多巴胺的支配力就会很快变弱，前额叶的自我控制能力也会开始恢复。多巴胺的平均作用时间在 10 分钟左右，只要熬过这段时间，你就不会被欲望控制，你的痛苦也会终结于"第一支箭"。

5

人类以外的动物不会对明天的事情感到忧虑

尽管神经递质的作用只能维持数分钟，我们还是会为烦恼所累，这一定是因为我们还在承受"第二支箭"的伤害。只要将情绪置之不理，它就会慢慢消散，我们却常常火上浇油，让神经递质的影响力变得越来越强。

无论是被某人的无心之言所伤害，还是突然对未来感到焦虑，只要静静等待神经递质的水平降低，就不至于让烦恼凭空增加。这正是发生在黑猩猩雷欧内心世界的事情。

面对半身不遂的困境，雷欧一点儿也不绝望。对此，灵长类学专家松泽哲郎这样解释道："这是因为黑猩猩不会对明天的事情感到忧虑。"

人类以外的动物不会深入思考过去或未来，它们几乎只活在眼前的世界里。因此，过去的失败或对未来的焦虑不会让它们烦恼，它们总能保持一颗平常心。这就是松泽哲郎想表达的意思。

如此说来，我们的苦恼其实都与过去或未来有关。回想童年的失败经历时，我们会因羞耻而感到痛苦；忆起数年前朋友说的一句坏话时，我们的愤怒会再次被点燃；想象年老的自己时会为焦虑所困……我们能够想象不存在于眼前的过去和未来，这种能力的确深深地困扰着我们。

通过芥川龙之介的随笔《侏儒的话》，可以看出他也观察到了类似的现象：

> 鸟是只生活在现在的生物。而我们人类还不得不活在过去和未来。好在鸟儿并没有体会过这种痛苦——不，还不仅仅是鸟类。能够体会三世的痛苦的，也只有我们人类了。

只生活在现在的动物不会有思索过去和未来的痛

苦。因此，动物不会被"第二支箭"射中，只有拥有全面的时间知觉的人类会与痛苦纠缠不休。这就是芥川龙之介的想法。

虽然知道应该"不为过去和未来感到烦恼，活在当下就好"，但并没有人能够马上付诸实践。毕竟人类不管是生来悲观也好，还是与动物拥有不同的时间知觉也好，都是在进化的过程中通过基因获得的，都是生命系统正常工作的结果。就算头脑知道"活在当下"是正确的，还是会在不知不觉间为来路感到悔恨、为前路感到忧愁，这就是人类。

基因并不像电脑一样可以轻松地更新"软件"，为人类带来痛苦的机制是非常顽固的。如此说来，我们是不是根本不可能让痛苦仅仅停留在"第一支箭"上呢？

6 所有的痛苦都能追溯到"自我"的问题上

简单总结一下前面的内容。

首先，非常重要的一点是，人类拥有负面情绪是需求没有被满足的信号。愤怒、焦虑、悲伤等情绪都可以向你传达重要的事物有所欠缺的信息。

其次，人类之所以会与痛苦纠缠不休，是因为我们不能只生活在眼前的世界里。恐惧和焦虑的情绪由未来可能出现的威胁引起，愤怒和悲伤则由过去的负面记忆引发。与其他生物相比，人类凭借思索过去和未来的能力，拥有压倒性的力量，这种力量却成了让苦恼层出不穷的元凶。

基于以上观点，如果深究这些问题的本质，我们就会发现，它们都可以追溯到"自我"的问题上。

这究竟是怎么回事呢？

作为讨论的前提，我们首先将"自我"定义为"体会到自己与他人是不同的存在，且自己一直是同一个个体的感受"。很显然，就算某人和你长得一模一样，你们也是不同的个体。而且，不管身在何处，你一直是同一个人；不管从小到大你的外貌有多大变化，你也会认为自己还是同一个人。无论处在什么地点、什么时期，"自我"都会让你感觉"我是始终统一的存在"。

对于如何理解"自我"的概念，科学界依旧存在争议。"自我"的概念多达数十种，包括认知自我、对话自我、潜在自我、经验自我等。不过，在"感觉我自始至终都是同一个人"这一点上，认知科学和心灵哲学达成了一定程度上的共识。我们可以以这个定义为起点进行接下来的讨论。

"我就是我"这种感觉之所以与人类的痛苦有关，是因为"自我"成了情感与时间的基准点。假设你因为莫名其妙的原因遭到上司的批评。这时，有的人会感到愤怒，有的人会感到悲伤。"受到批评"这种体验会立刻对大脑边缘系统产生刺激，你的全身都会被负面情绪所笼罩。这个"警报系统"仅需数秒就可以启动，我们拿它没有任何办法。

接着，你的"自我"会让事情变得更加复杂。

"我被骂是不合理的。"

"我是不是做错了什么？"

"错的不是我，是那个家伙。"

只要放任不管，不好的情绪就会逐渐平息，但是负面的想法通常会以"自我"为原点逐渐蔓延，让情绪变得越来越强烈。如果只是这样，也不算太糟，但如果思维以"自我"为中心向过去和未来延伸，事态会进一步恶化。

"一个月前我也因为类似的事被批评了。"

"我的未来究竟会怎样？"

像这样，痛苦蔓延开来的时候必定会有"自我"的参与，脑内那些关于过去或未来的想法会变成"第二支箭"刺向你。我们会以"自我"为中心夸大负面的思维或想象,最后让痛苦变得越来越沉重。

实际上,多项研究表明,自我意识越强的人越容易出现心理问题。这种状态在心理学上被称作"自我关注"。"我是个没用的人""我总是失败"这种否定式思维显然是不健康的,而经常思考"我究竟是怎样的人""我真的活出自己的风格了吗"的人,也容易出现焦虑或抑郁的症状。

自我关注之所以会引发心理问题,是因为围绕"自我"进行的思考非常容易走向负面。想到"我的收入比同龄人低"时感到沮丧;想到"要是一年前我没有经历那场失败就好了"时对过去感到不甘;想到"只有我吃亏了"时对别人感到愤恨……几乎每个人都有这样的经历。

有时我们也会有"自己做得很好"的想法。但是正如前文所述,人类这种生物生来就配备了负面的思维系统,关于自我的思考多多少少会偏向负面,被"第二支箭"射中的次数也就更多。

7 是否应该消除自我

人们自古就有将痛苦归因于自我的想法。

印度教经典《薄伽梵歌》中的黑天神说"自我才是自己的敌人";老子曾用"无为自然"来批判由自我意识产生的作为;古希腊的斯多葛学派哲学家也一致认为应当用理性约束自我。

最具有说服力的当数中岛敦的代表作《山月记》。这部作品的主人公李征因希望成为举世闻名的诗人而辞去官职,却未能如愿。他本可以恢复旧职,却因为放不下尊严和羞耻心而无法与任何人来往。最终,他被莫名的力量变成了老虎。

在故事的后半段,李征对曾经的朋友这样说道:"不管是动物还是人类,原本都应是不同的存在。最初我们还能记得这件事，之后却会慢慢忘记，以为自己本来就是现在的样子。不过这样也无妨。恐怕只有人类的心灵完全消失，我们才会幸福吧。"

一直用"第二支箭"射自己的主人公最终发现，变成野兽才更加幸福。的确，如果失去自我，我们就没有承受痛苦的主体，过去和未来也会消失，剩下的便只有现在。如果自我是一切痛苦的元凶，那么我们自然会认为消除自我更好。

然而，此时很多人都会感到怀疑。

"自我应该是无法消除的吧？"

我就是我，这是无论如何也改变不了的事实。人类自出生到死亡都只能是自己，如果用"我"去消除"我"，那么消除了"我"的又是谁呢？要我们去压制过剩的自我意识或自我表现欲倒是可以理解，可消除自我的想法本质上不是荒谬的吗？

这种疑问的确是合理的。诸多哲学家都曾对"如何认识自我"这个问题进行一番论述。

每位论述者都给出了不同的答案：尼采将自我看作"我"的支配者，祁克果强调心灵与肉体的关系，米德则对主我与客我的关系更重视。哲学家们的观点多种多样，但都是一些令人费解的理论，我们甚至很难从中找到有助于理解的线索。

不过，随着近些年来认知科学与脑科学的发展，我们能够以更加通俗易懂的方式理解自我的概念。这一领域的观点认为，自我不是稳定存在于内部的绝对感觉，也不是支配情感的上位存在，它不过是特定功能的集合体。

请想象一把瑞士军刀的样子。瑞士军刀不仅具有刀的功能，还集开瓶器、剪刀、螺丝刀等多种工具的功能于一身。"自我等于功能的集合体"这个观点也是如此，无论我们感觉自我是多么单一的存在，它实际上都只是集合了各种功能的"工具箱"。

这种说法也不算太离奇。如前文所述，我们的情感在人类进化的过程中诞生，负责向我们传达有利于生存的信息。我们同样可以认为"我就是我，我不是你"这种感觉也是进化而来的，具备某种特定的功能。

北伊利诺伊大学的认知科学家约翰·斯科罗恩斯基推测，人类开始具备自我的时间大约在 25 万年前到 5 万年前。

距今大约 40 万年前，人类的祖先直立人不再以 30～50 人为单位聚居，开始了以 150～200 人为单位的集体生活。通过与同伴互相帮助，一同抵御外敌，他们的生活变得安全许多。

然而，集体生活也带来了许多新的问题。获取与分配食物的纷争扩大、寻找配偶的矛盾激化、想要独占资源的背叛者出现等今天依然存在的社会问题开始出现。

想要在这样的变化中求得生存，就需要拥有以下能力：

• 与他人顺畅地交流，预测自己是否会遭到背叛。

• 预想自己在他人眼中的形象，并按照他人的期待行动。

想要辨认出潜在的背叛者，就需要进行"对方可能觉得'我是这么想的'"这样复杂的预测；想要满足他人的期待，就需要拥有"我能感觉'那个人应该是这么想的'"这种复杂的认知。无论是哪种思维，都需要高度的智力水平。

为了满足这种需要，进化的压力使人类的大脑皮层变得越来越大，让我们能够抽象地思考自己在群体中所处的位置。这就是如今我们拥有的"自我"的起源。

8

自我是生存的"工具箱"

人们在赞比亚的双子河流域洞穴中发现的染料样本，是证明人类拥有自我的最古老的证据。这些红色的染料由矿石制成，主要成分是铁氧化物。据推测，大约 30 万到 26 万年前，人们会用这些染料装饰自己的身体。这正是人类萌生自我的一种表现。

还有一些证据来自更近的时代。以色列北部的遗迹中出土了一具 25 万年前的女性雕像，它被称作"贝列卡特蓝的维纳斯"；在 9 万年前的洞穴遗迹中，人们发掘出人类史上最早的哀悼死者的痕迹；在南非的遗迹中，人们发现了 7 万年前用骨片制成的装饰品……如果不能区分自己和他人，根本无法做出这些东西。因此，综合来看，我们可以认为，自我的早期形态至少出现在 25 万年前。

根据相关研究，近年的神经心理学将人类的自我具有的功能细分成以下几种：

①人生的记忆。"5 年前旅行的时候玩得很开心""那次邂逅与现在的工作产生了联系"——以情景的形式回忆过去发生的事件。

②性格的概述。"我很友善""我是一个内向的人"——以概要的形式粗略把握自己的性格。

③情绪体验。"我很悲伤""我很生气"——以情感的形式理解身体感应外界变化时发出的信号。

④关于事实的知识。"我今年 45 岁""我是亚洲人"——理解关于自己的纯粹事实。

⑤连续性的体验。将现在的自我与过去的自我联系起来，让我们感觉自己是同一个人。

⑥执行与掌控的感受。让我们感觉自己是身体的主人，且所有的行为和思维都由我的意志决定。

⑦对内部的监督。监督自己的行为、思维与情感，根据由此获得的信息计划新的行动。

显然，每种功能对于人类的生存都是不可或缺的。

没有过去的记忆就不能根据失败的经历调整自己的行为，不能理解自己的情感就无法决定接下来的行为，没有反省自己的能力就不能达成未来的目标。所有的行为都依赖自我。

根据不同的情况，我们使用的功能也有所不同。当大脑判定某种功能"对解决问题有帮助"，这种功能就会自动生效。

例如，当你思考"从哪个工作开始做"的时候，你的自我会出现在前额叶皮质和海马体的神经网络中；当你感到"悲伤得不能自已"，你的自我会出现在杏仁核和下丘脑；而当你看着镜子，感觉"这就是自己"的时候，大脑皮层以下的脑干结构会开始活动。自我的各种功能由大脑内的不同神经网络来调节，它们的运作体系几乎是相互独立的。

从大脑的功能来看，我们体验到的自我背后并不存在特殊的神经基础。我们只是将不同情况下出现的不同功能认定为统一且唯一的自我而已。尽管我们认为自我是统率情感、思维和肉体的更高一级的存在，但它实际上与四肢、五官处在同一个层级。

诚然，关于自我具体功能的争论依然存在，认为自我还具备其他功能的专家也不在少数。尽管想得出一致的结论还有很长的路要走，但是目前人们基本认为，统一的自我并不存在，且自我只是特定功能的集合体。也就是说，自我就像"工具箱"一样，仅仅由生存所需的"工具"集合而成。

9

自我可以被消除吗

我们的自我是由人类的生存工具进化而来的一种系统，它会根据外界的威胁启动不同的功能。

依据这一事实，我们能够得出 2 个要点：

①自我消失的现象并不罕见。

②即使自我消失了，一切也可以正常运作。

第一点不难理解。自我本就是虚构的存在，它仅仅是生存所需的工具，没有必要的时候就不会被启动。如果处于没有任何威胁、非常安全的状态，保护自己的举措就失去了意义。

实际上，自我消失的情景屡见不鲜。最具代表性的就是精神高度集中的状态。当我们沉迷于游戏，时间似乎转瞬即逝；当我们沉浸在小说的世界，就会下意识地追随文字；当我们与志同道合的友人聊天，热烈的气氛让我们忘却时间……回想这些体验，我们就很容易理解这一点。在这些场景中，我们感受不到自我，只能感觉到自己与眼前发生的事融为一体。

在放松的状态下，自我同样不会出现。洗热水澡的时候、在美丽的海滩上度假的时候、就寝前聆听舒缓的音乐的时候，自我也并不存在，我们只能体会到自己存在于环境中的心境。当意识完全指向现在，我们只需要处理眼前世界中的信息，不必让思维进入过去或未来。此时，我们也就不必动用自我的功能。

还有一点同样值得注意——在这些情境中，即使自我消失了，我们的行为也不会受任何影响。

请想象自己早上起床后，先喝一杯水，再像往常一样开始洗漱的场景。此时，引导你的自我并不存在，管理你喝水的体验的"经纪人"和"导演"也并不存在。尽管我们有时也会思考"今天中午吃什么"，但是适当的知觉和动作通常都是在无意识的情况下发生的。

这种状态与电脑的运行有相似之处。即使不知道CPU 和内存的运行情况，电脑也会在后台正常工作。

我们不借助自我的力量也能完成许多事情，而且很多时候，没有自我的参与，事情的进展反而会更加顺利。如果网球选手开始怀疑"自己的姿势是否正确"，他的状态就会急转直下——这种事情时有发生。

总而言之，本章主要有2个重点：

①自我在日常生活中不断地出现与消失，许多时候即使没有自我也不会有任何问题。

②自我是人类诸多生存工具中的一种，与情感、思维等其他功能没有区别。

综合以上2点，我们自然会有这样的疑问："归根结底，自我还是可以被消除的吧？"

众所周知，只要经过一定的训练，我们就能控制自己的情感和思维。腹式呼吸、将负面情绪写在纸上等多种方法，其效果在临床试验中都得到了证实。既然如此，自我也可以像情感和思维那样，通过锻炼成为被控制的对象吗？

第 2 章

虚构

自我是由"故事"构成的

1

自我是由什么构成的

自我是生存的"工具箱"。

这是前一章得出的结论。虽然自我常常被视作一种稳定不变的存在，但它实际上仅仅是进化过程中出现的生存机制之一。因此，自我就像情感、思维等其他心理功能一样，不断重复出现与消失的过程，绝非什么特殊的存在。

为了加深对自我的理解，本章将针对"自我由什么构成"这一问题进行论述。在第 1 章中，我们了解了自我具备的功能。而所谓的自我究竟是由什么元素构成的呢？

为了便于理解，我们可以用病毒的比喻来解答这个疑问。

想要解决病毒引发的疾病，如果仅仅将目光放在"通过飞沫或空气传播""通过感染其他生物进行自我复制"等功能方面，那么我们便只能找到有限的解决方案。如果缺少"有些病毒具有脂溶性的外膜"这种关于病毒构成的信息，就不能事先判断酒精或肥皂是否能真正对病毒起到削弱作用。

自我的问题也是如此，如果仅仅研究功能方面，就只能解决一部分问题。如果想从根本上解决问题，就要了解对象的组成元素。

为了解答这个疑问，接下来我们可以先做一个小测试。

请思考以下问题的答案。

问题1：外面下着大雨，斯科特先生出去散步。他没有带伞，也没有戴帽子。于是，他的衣服湿透了，但是他的头发却一点儿也没被淋湿。这是为什么？

问题2：一位清洁工正在给一幢高楼擦窗户，这时，他脚下一滑，从20米长的梯子上摔到了混凝土人行道上。然而,他奇迹般地毫发无损。这是为什么？

问题3：有一种发明诞生于古代，今天依然被广泛使用，它可以让我们透过墙壁看到另一侧。这种发明是什么？

问题1的答案是"因为斯科特先生没有头发"，问题2的答案是"因为他是从梯子的第一级摔下去的"，问题3的答案是"窗户"。

以上3个问题都是心理学实验中用于评估创造力的问题。如果能够快速且正确地答出所有问题，就说明你具有较高的创造力水平。

尽管这些问题看上去很无聊，但是实际上，它们能够体现出自我让人烦忧的一部分原理。那就是所有的问题都利用了大脑中自动出现的思维和想象的力量。听到"在雨中散步却不打伞"，我们应该会想象一位全身湿透的男子的形象；听到"20米的梯子"，我们会联想到惨烈的事故场面；"让我们看到墙壁另一侧的发明"之所以很难让人想到"窗户"，是因为"古代的发明"这一点会让火药、车轮、罗盘等发明浮现在脑海中，阻碍一般的思维。

我们之所以会被上面的问题难住，是大脑的"编故事功能"在工作的缘故。

如果向大脑输入"斯科特先生下雨天没带伞就出去散步了"这一信息，大脑就会立刻开始搜索过去的记忆，先是对"像斯科特先生一样的人物"和"全身湿透的男子"进行想象，再在这些想象的基础上思考接下来会如何发展。这些活动都是无意识中进行的，大脑想象出"浑身湿透的男子"只需要不到1秒的时间。

　　假如接下来出现"斯科特先生从头到脚都被淋湿了"这样的句子，之前的设想当然就没有任何问题，对意料之中的发展感到满足的大脑会马上开始创作新的"故事"。然而，当"头发没有被淋湿"这个信息出现，大脑就不得不重新构建"故事"的发展过程。此时的大脑活动，会给我们带来"解谜"的乐趣。

2 人脑只需要0.1秒就能创作出"故事"

人脑就是"故事"的创作机。

近年来，在神经科学领域时常能够听到这种观点。不同于以往，这种观点认为我们的大脑是为创作"故事"而生的。

既然如此，就先来了解一下人们以往的看法吧。

在此之前，人们认为我们是通过3个步骤来感知世界的：

①眼睛、耳朵等感觉器官接收周围的图像及声音信息。

②信息被输送至大脑的高级功能区域。

③大脑处理所有信息，进行最终判断。

当我们看到一个苹果，眼球会像相机一样对这个画面进行"拍摄"。"拍摄"的图像会被输送至大脑的高级功能区域，直到这时，画面才会被认定为"苹果"。

后来，人们通过研究发现，许多现象是无法用这个理论来解释的。下面这个网球运动员的例子就极具代表性。

专业网球运动员的平均发球时速超过190千米，对顶级网球运动员来说，发球时速超过200千米并不罕见。但是，问题是人脑处理眼睛看到的东西需要的时间比我们想象得要长。多项实验结果表明，进入眼睛的光线在视网膜内被转换为电信号，然后被输送到大脑内产生图像的过程大约需要0.1秒，就算动态视力再好，这个数值也是不会改变的。

如果把这0.1秒放在网球比赛中，就相当于运动员在意识到"对手发球了"的时候，球实际上已经向自己飞了5米远的距离。尽管视觉处理与现实时间中存在这样的错位，专业运动员却依然能接住高速飞出的球，这到底是为什么呢？

为了解决这个疑问，"大脑就是'故事'的创作机"这个观点出现了。

根据这个观点，我们体验"现实"需要经过以下几个步骤：

①大脑事先创作"故事"，对周围的事态发展进行预测。

②将感觉器官接收的图像和声音信息与大脑创作的"故事"进行对比。

③对大脑创作的"故事"中错误的部分进行修改，构建"现实"。

在网球运动员的例子中，对手将球抛起的那一刻，我们的大脑就开始连续不断地进行"故事"的创作。

球的速度与对手之前的发球速度一致；球上升的速度比平时要快，所以对手会失误；因为手腕是朝右的，所以球会打到场地的右侧角落……

大脑会根据这些"故事"预测"现实"，凭借这些预测，运动员才能够让身体的动作比球快一步。如果没有这种能力，我们就不能躲避砸向我们的球和驶来的车，甚至不能安心地行走在路上。

也许会有人觉得将这种思维称作"创作故事"不太妥当，需要指出的是，这里提到的"故事"并不是电影和小说中的虚构情节。归根结底，所有"故事"的共同点应该是"对特定事物因果关系的说明"。这样看来，由对面运动员发球动作引发的无数个预测也可以被看作"故事"的原始形态。

3
我们生活在大脑创造的虚拟世界中

人脑之所以会成为"创作故事"的机器，是为了节省日常活动所需的心理资源。

假设我们生活在原始时代的祖先遭到了老虎的袭击。此时能派上用场的只有关于"老虎的动作"的信息。如果不能忽视"一如既往的热带草原风光"或"远处飞鸟的动作"等无关信息，不能专心地处理与老虎的动作相关的信息，就无法及时做出反应。

日常生活中也是如此。如果每天早上出门前去处理"门把手的触感""门被打开的样子"之类的感觉信息，再大的脑容量也是不够用的。对于反复输入的信息，我们会预测事情将像往常一样发展，并且直接调用过去的信息，这样才不会浪费大脑的"能源"。

总之，正是凭借高度发展的"创作故事"能力，人类才得以克服重重危险，进化成现在的样子。

　　近年来，随着神经科学的发展，我们逐渐理解了大脑在短时间内完成"故事"创作的原理。

　　假设你在出门前用手握住了门把手。在这一瞬间，大脑中被称作岛叶的高级区域会创作出不可胜数的"故事"，例如"门的另一边是一如往常的庭院，日常生活应该会照常进行"，或者"转动把手，门就会像往常一样打开，我会前往车站"。这些信息会先被输送到位于两眼之间的丘脑。接下来，当你真正地将门打开，眼睛和耳朵接收到的外界情报就会被输送到丘脑，与先前的"故事"进行比较。通过对比从现实世界获得的信息，大脑可以确认先前创作的"故事"是否存在错误。

　　此时，如果"故事"与现实的信息一致，大脑就会忽略外界的信息并直接采用高级区域之前创作的"故事"。也就是说，我们几乎不会用到眼睛和耳朵接收的信息，我们体验的现实只是大脑模拟的"打开门，日常生活会照常进行"的情景。

　　如果现实是"打开门，看到外面有一只巨大的狗"，就与大脑创作的"故事"出现了分歧。此时，只有错误的部分会被输送至大脑的高级区域。也就是说，在这种情况下，反馈到高级区域的信息就只有"巨大的狗"这一部分。在这个信息的基础上，大脑又开始创作新的"故事"，例如"这只狗应该很危险"或者"这只狗可能会朝我扑过来"。以此类推，大脑会连续不断地创作出新的"故事"。

基于以上发现，现代神经科学家和心理学家认为，在我们感知到的"现实"中，大半是由大脑创作的"故事"构成的"虚拟世界"。无论你对世界的感觉有多么真实，用于构建这一"现实"的外界信息都少之又少。

古希腊哲学家柏拉图一语道破："人们眼中的现实世界不过是真实的剪影。"我们体验到的绝非现实本身。就像戴着 VR 眼镜（虚拟现实头戴式显示设备）一样，我们生活在虚拟的世界中。

4 痛苦与精神是否强大无关

大脑这种"创作故事"的功能之所以让人感到棘手，是因为它在保证我们生存的同时会带来很多麻烦。

下面让我们用事例对此进行说明。

遇到素不相识的人，你的大脑就会立即调取过去的记忆，只需要千分之一秒就能做出"这个人很像他的母亲，所以应该是个好人""这个人个子很高，可能会很可怕"等判断。

这些判断的依据就是我们从小到大的所有人生体验。

看到红灯就要停下、付款要去收银台、对初次见面的人应该礼貌问候、不能糟蹋食物、排队的时候应该站在队尾……

过去获得的知识和信息会以一个个"故事"的形式储存在脑内，其中的一部分会成为指导我们行为的"法规"。换言之，特定的"故事"拥有强制力，当周围的状况发生改变，我们的大脑就会从多个"故事"中选出最合适的内容，并根据这些内容决定接下来的行为。

如果没有这个功能，与人初次见面的时候，我们就需要深入思考"是否应该跟这个人打招呼？要不要谈论天气？"；看到红灯的时候，我们就会为"红灯的时候到底应不应该通行"而感到疑惑。

哈佛大学的学者克瑞斯·阿吉里斯研究大脑"创作故事"的功能长达 40 年，他认为："人的行为并不总与他自己所说的一致，他会按照自己相信的'故事'行动。"我们能够顺利地度过日常生活的每一天，其实都依赖于大脑与生俱来的"'故事'搜索引擎"。

虽然"不能糟蹋食物"这样的"故事"并不会造成什么危害，但是我们有时候会将"肥胖是懒惰的证据"或"来自农村的人比较粗俗"这类有些偏颇的"故事"当作行为的规范。如果任凭这些"故事"摆布，不难想象，它们会变成纷争的火种。

不仅如此，歪曲的"故事"还会将魔爪伸向我们自己。

假设你的朋友突然对你态度冷淡。这时，大脑就会立刻开始寻找能够对现状进行解释的"故事"，如果大脑选择了"人忙起来就容易顾不上别人"这样平淡无奇的"故事"，你只会想："还是改天再联系吧。"这就是痛苦止步于"第一支箭"的状态。

如果你的大脑选择了"没有人会爱我"这种歪曲的"故事"，事态就不一样了——"我是不是被讨厌了""我是不是做了什么不好的事"等想法会出现在你的脑海中，并且迟迟不肯消散。

总而言之，面对同样的问题，有的人会感到痛苦，有的人却不会，这与精神是否强大并没有关系，而是与出现在某个人脑内的"故事"能否适应环境紧密相关。

5

自我是由"故事"构成的

基于以上内容，我们可以重新思考自我的功能。

首先，"人生的记忆"是指保存在头脑中的生活事件，例如"2年前孩子出生了""大学入学考试考砸了"。这些信息都以"某人在某时某地做了某事"的形式，将原因与结果联系在一起，并作为"故事"被保存在大脑中。这个功能让我们认识到过去的自己与现在的自己是同一个。

第二种功能"性格的概述"也是这样的。你的大脑中保存着数个能够定义自己性格的"故事"。"我是一个害羞的人，所以不喜欢人多的场合。""我是一个严谨的人，所以我会严格遵守截止时间。"像这样，关于性格的信息会以过去与未来的因果关系的形式被保存在大脑中。

　　其他的功能也没有明显的不同。"情感的理解"会提供"我失误了，所以感到羞耻"这样的"故事"，"执行与掌控的感受"会提供"我的行为由我的意志决定"这样的"故事"，而"对内部的监督"则会提供"我必须用态度来展现自己的愤怒"这样的"故事"。虽然这些"故事"的内容各不相同，但是每一种都能够体现出我们的自我是由"因为A，所以B"这样的"故事"构成的。

　　如果这些功能创作的仅仅是关于日常生活的平凡"故事"，其实并不会出现什么问题。但是大脑不分昼夜地"创作故事"，每当我们经历不愉快的事，它就会创作"我被这个人讨厌了""我比其他人更不幸"这样负面的"故事"，让我们误以为这些才是唯一的"现实"。这正是我们烦恼和痛苦的起源。

　　更糟糕的是，我们感觉痛苦时，大脑并不仅仅依赖于外界的信息。除了进入眼睛或耳朵的图像和声音信息，来自身体内部的信息也可以成为"故事"创作的素材。

为了理解这一事实，我们需要先了解一下"稳态"这个概念。

　　稳态是所有生命体都具备的自动修复系统，它能够应对外界的变化，让身体维持稳定的状态。

　　例如，人类的体温之所以能保持在37摄氏度左右，是因为炎热的时候身体会通过出汗散热，寒冷的时候身体会通过颤抖发热；吸烟后咳嗽是为了将毒素排出体外；过量饮食后基础代谢上升，是因为保持体内能量稳定的功能在发挥作用……

　　为了让这些功能正常运作，人体具备高性能的"传感器"。其中最具代表性的就是位于耳朵深处的半规管。运动的时候，半规管内的液体就会上下左右地移动，通过将这种流动的信息传递给大脑，我们才能感知自己的姿势。除此之外，密布于皮肤上的感受器和分布在细胞表面的激素受体负责监视心脏、肠胃等器官的变化，并且会不眠不休地向大脑发送报告。这些都是保证稳态系统正常工作的装置。

　　然而，当身体感觉到异常，我们的大脑就会立即开始创作"故事"。

例如，你的上司派你发表一场重要的演讲。只要想到正式演讲的场景，你的心跳就会加快，肌肉也会变得僵硬。

此时，你的大脑其实就在根据外部信息与内部信息创作负面的"故事"。

所谓的外部信息当然就是"不得不进行演讲"这一事实本身。大脑在接收来自外部的信息后，会在极短的时间内判断"这件事是否对我构成威胁"，并让你焦躁不安。

内部信息是人体高性能"传感器"感知到的肉体变化。心律升高和肌肉僵硬这类异常的信号，会通过自律神经传输至大脑，并被用作判断"自我体验到的情感有多强烈"的依据。心律和肌肉的变化越大，负面情感也就越强烈。

这一过程中最让人苦恼的一点就在于，自己意识不到的身体异常也会对情绪造成影响。

饮食不规律引起的营养不足或热量过剩、肥胖引起的高血压和胆固醇上升等异常状态，即使我们自己不能明确地感知到，大脑也会将这些数据当作生存危机进行处理。它们会让大脑不断地创作"身体一直处于受威胁的状态，一定是因为'我'有什么不对劲的地方"这样的"故事"，让我们感觉到莫名的不快或不安。

"身心一如"这一佛教用语告诉我们，如果想要摆脱痛苦，在钻研心理技巧前，应该先打好身体基础。从大脑信息处理的视角来看，精神与肉体之间并不存在明确的区别。

6 我们为什么无从寻找"本来的自己"

　　大脑创作的无数个"故事"构建出自我，痛苦也因此而起。

　　我们可以将这个机制比作卡尼萨的错觉图形。看到下面的图形时，我们会感觉中间浮现出了一个白色的三角形。即使理智告诉我们"这只是周围的物体制造的错觉"，浮现在脑海中的那个三角形也不会消失。

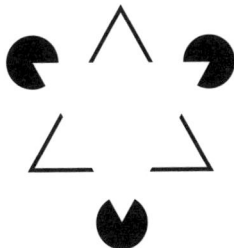

我们的自我就像这个因为错觉而出现的白色三角形，仅仅是浮现在周围的"故事"构建出的虚幻概念。尽管自我这一单一的精神功能实际上并不存在，但是由于大脑不间断地进行"故事"创作，我们会误以为自我是一种绝对的存在。

当我们与他人交流的时候，自我常常会在"故事"间浮现。例如，大学毕业并步入社会后，很多人都感觉自己好像变成了另一个人；搬家后，看上去仅仅是人际关系发生了改变，但不少人感觉自己的性格变了。

之所以会出现这种现象，是因为自我是由许多个"故事"间的关联构建出来的。

假如你在一家声誉很好的公司工作。这时候，上司的"故事"是"可以期待这个员工的表现"，同事的"故事"是"交给他就放心了"，社会的"故事"是"这个企业很有信誉"，自己的"故事"则是"一定要做出成绩"。这些"故事"都会影响你的行为，决定你在公司中的形象。

这一机制会影响人生的方方面面。有的人出国后会突然变得外向；有的人平时很文静，在家里却很活泼；而有的人面对面交流时很温和，在网上却盛气凌人……类似的事例屡见不鲜。

像这样，自我的轮廓会在与他人的"故事"交会时被勾勒出来，并且会根据不同的"故事"灵活地变换形态。无论哪种自我都不是绝对的存在，只是浮现在"故事"与"故事"间的暂时性的虚构概念。

为了避免混淆，下面对各种名词进行梳理。其中有些名词与自我比较相似，如果以本章介绍的大脑工作原理为准，可以进行如下阐释：

• 自我：因大脑创作的"故事"产生的"我就是我"的感觉。

• 自我意识：将注意力凝聚于"故事"构建出的自我的状态。

• 同一性：在自我的基础上定义"我是这样的人"的状态。

• 意识主体：根据"故事"构建出的自我的轮廓，明确区分自己与他人的状态。

上面的每一个概念都是构成"我"的一部分。如果过分强调，就会产生问题。如果总是围绕自我的"故事"进行思考，就会陷入自我意识过剩的状态；如果过度讲究自我同一性，就会对自我形象的破坏失去抵抗力；如果"自己与他人不同"这种想法过于强烈，就容易变得自负。

无论何种情况，都是将"自我"这一虚构的概念绝对化导致的。

这样便不难看出，为何"做回自己""活出自己的风格"这些流行于世的建议难以执行。因为再怎么追寻真正的自我，我们是怎样的人是由周围的"故事"决定的，而它又总是处在不断的变化中。说到底，自我的感觉本身也不过是浮现在"故事"和"故事"间的虚构概念。想要寻找本来的自己是不可能的，就像我们不能享用甜甜圈中间的空洞一样。

7
比起现实，人类的大脑更注重"故事"

至此，我们最大的难题就在于，比起现实，人类的大脑更加注重"故事"。我们每天体验的现实几乎不能反映我们从真实世界获得的信息，我们的现实几乎是由大脑创作的"故事"构建而成。

以之前提到的"出门前握住门把手"的场景为例。大脑的高级区域会创作出"门的另一边是一如往常的庭院"这样的"故事"，而通过视网膜获取的现实数据会在丘脑中与这个"故事"进行对比。至此，一切都与我们此前了解的内容一致。

然而，这一过程中真正发人深思的一点在于，从高级功能区域到丘脑的信息通路，比从丘脑到视觉区域的信息通路多 10 倍。换言之，从设计上来讲，比起从视网膜输入的第一手信息，我们的大脑结构格外重视高级功能区域创作的"故事"。

这就导致我们有时候会忽视现实的信息，将"故事"看作真正的现实。错觉就是最直接的例子。请你注视下图中央的格子图案20秒左右。如果一直盯着图片中央，你会感觉周围那些散乱的线条也成了直线。

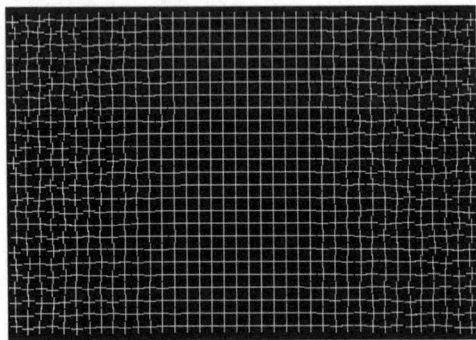

这时候如果把图片拿远，这些线条就会恢复成原来的样子。这张图片是神经科学家金井良太的作品，被称作"自愈网格"，是有名的错觉现象。下面来了解一下它的原理。

当我们注视自愈网格中央，视野的一大半都会被规整的格子图案填满，而周围那些断断续续的线条信息几乎不能进入大脑。这样一来，你的大脑就会慢慢设想"既然中间是规则的格子图案，周围应该也是同样的图案"这样的"故事"，你脑海中构建的格子图案会变成你眼中的"现实"。

也就是说，错觉其实就是大脑用"故事"强行补足现实中缺失的信息导致的结果。

再看看比起现实，大脑更偏好"故事"的其他案例。乌尔比诺大学的乔万尼·卡普托设想出一个可以轻易改变人的意识的方法，步骤如下：

①在房间内用 10 ~ 25 瓦的白炽灯照明。

②观察放置在自己面前约 40 厘米处的镜子。

③盯着镜子中自己的脸看 5 ~ 10 分钟。

50 个人按这个步骤进行尝试，66% 的人回答"自己的脸发生了巨大的变化"，48% 的人回答"看到了怪物一样的生物"。除此之外，还有人声称自己看到了猫或狮子、素不相识的人、老奶奶或小孩子等各种各样的形象。我自己进行尝试，看到的是一张素不相识的女性的脸。

之所以出现这种现象，是因为大脑对镜子做出反应，随意编造现实。

我们的大脑原本具备能够识别他人面部的精密系统，能够根据眼睛的大小、眉毛的角度、嘴唇的颜色等微小的差异分辨数百人的面孔。然而，在昏暗的灯光下，它无法感知这些面部信息，只得用其他信息来填补缺失的部分。于是，大脑就会从过去的记忆中任意调取一些面部信息，在脑海中构建出"现成的现实"。

除了视觉，大脑的"故事"还会对心理或记忆产生影响。

隆德大学等高校进行了一项实验，内容是给男性实验对象展示几张女性的照片，让他们选出喜欢的类型，并询问他们选择某位女性的原因。在确认实验对象各自给出"长相很周正""看起来很温柔"等理由后，实验团队偷偷地用其他人的照片替换了实验对象之前选择的照片，并再次询问他们"你为什么喜欢这位女性"。

进行了如此大胆的操作，想必实验对象一定会发现照片里的不是同一个人吧？然而现实并非如此。竟然有大约 70% 的实验对象没有发现照片变了，面对另一位女性的照片，他们当场编造出"看上去性格很好""眼睛很大"等理由，并且对自己的看法深信不疑。

这种现象叫作"虚谈症"。当大脑认为"这就是刚才看的那张照片，所以我应该喜欢这位女性"，它就会立刻创作出符合这一判断的新的"故事"。这一事例再次体现了比起现实大脑更加注重"故事"的倾向。

另一项 2011 年的实验也很有名。研究人员对观看了普林斯顿大学对达特茅斯大学的橄榄球比赛的学生进行调查。当被问到"哪个队的选手犯规次数比较多"的时候，尽管学生们观看的是同一场比赛，但普林斯顿的学生倾向于回答"达特茅斯的选手不干净的动作比较多"，而达特茅斯的学生则倾向于回答"普林斯顿的选手比较不遵守规则"。他们显然没有意识到"自己有所偏袒"，全都发自内心地对对手犯规的行为感到愤怒。

　　同样的心理在日常生活中也并不少见。有的人会因为别人工作做得慢而指责对方无能，却声称自己拖延是因为认真；有的人会因为他人不遵守规则感到愤慨，却坚持认为自己打破规则是有个性的表现……这样的事情比比皆是。在这些情景中，当事人都相信自己的看法才是"唯一的现实"，他们不承认其他可能性的存在。这些也是大脑比起现实更注重"故事"的典型事例。

8

巧妙利用精神的脆弱性

回顾本章内容，可以认为我们面临以下问题：

①"故事"会在脑内自动发挥作用，我们无法控制。

②我们以为"故事"是唯一的现实，并且没有意识到这一点。

如果不能解决以上两个问题，我们就不能克服自我的问题，也就无从消除我们的诸多烦恼。为了解决如此困难的问题，我们可以参考耶鲁大学神经科学家菲利普·科利特的观点：

"'大脑的故事理论'教给我们的最重要的一点是，我们的精神功能是何等脆弱。"

的确，仅仅看到破碎的格子图案就会被欺骗，熟知的自我形象会被镜子改变，意识不到自己的话是无中生有……这样看来，人类的精神十分脆弱。

然而，我们也可以认为精神的脆弱性是大脑灵活性的表现。

没有任何强度的水，可以自由地改变形状，渗入码头的岩壁；合气道高手能够借助对手的力量将其扔出去。较为灵活的一方常常会取得最后的胜利。如果我们能够以柔克刚，反过来利用人类精神功能的灵活性，是不是就有可能解决"故事"的问题呢？

实际上，在神经科学与心理治疗领域，已经有人提出备受期待的方案，并且取得了良好的实验成果。

从下一章开始，我们将介绍具体的方法论。

第 3 章

结界

获得内在的安全感

1

以科学为基础设立"结界"

自古以来，不管做什么事，日本人都非常重视"结界"。

《广辞苑》(日语辞典)第七版对结界有两种解释：一是佛教为了修行或修道界定出的特定区域，可能阻碍佛道修行的事物不得进入；二是处于寺院的内阵与外阵之间或外阵中，将僧人与俗人的座位划分开来的木栅栏。

皈依佛门的人居住的寺院、葬礼时悬挂的黑白幕布、神社入口布置的绳结和鸟居都是结界的表现形式。通过某种象征，结界划分出神圣的空间，保护内部的人不受污秽之物的影响。

这种思维已经渗透日本人的日常生活。例如，在一些老字号商家，收银处前的屏风或门前悬挂的门帘现在也被称作结界。在茶道中也有类似的情况，例如导师会在禁止进入的区域放置止步石、茶室的入口故意做得很狭窄等。

穿过寺院的门，烦恼的对象就不存在了。

神社的鸟居内侧是没有污秽的洁净区域。

茶室的门里是只允许喝茶的空间……

在这些场景中，事先决定的特有规则给人带来了安全感，这样里面的人才不会分心，得以集中精力。在俗世中感悟佛道或茶道并非不可，但是"我受到保护"的安全感显然会让感悟的难度大大降低。

之所以在此提出结界这个概念，是因为试图克服自我会给我们带来莫大的痛苦——事情本该如此，正如第1章所述，自我是保护机制的集合体。

很多保护功能都会在大脑感知到威胁的时候发挥作用，旨在解决人生中的危机，如与他人的争端、健康方面的困扰、金钱方面的问题等。自出生起，每个人都一直在自我的帮助下生活，以为这些都是理所当然的。也就是说，自我对我们来说就像住惯的房子，如果平白无故就要舍弃自己的房子，任谁都会感到不知所措。尤其是那些长期自我意识过剩的人，他们会觉得消除自我是一件格外可怕的事情，反而会紧抓住自我不放。

接下来，在真正进行克服自我的挑战之前，我们需要首先了解一下正确创造"结界"的方法。本章的目标是让你能够借助"结界"的力量获得内在的安全感，创造出舍弃自我也不会感到恐惧的精神世界。

接下来的内容与盐堆或护身符这类物品并没有关系，要介绍的仅仅是基于脑科学知识、遵循科学研究结果的"结界"。

2 非洲人为什么不会为幻听所苦

为了理解"结界"的重要性，可以先了解一下精神分裂症的事例。

我们都知道精神分裂症是一种非常严重的精神疾病，患者耳边会突然出现"世上没有你的位置""你这个大骗子""真是个没用的人"等声音，这些声音听起来非常真实，好像真的有人在骂他们一样。不管怎么告诉自己这些声音只是幻听，它们都不会停下，有时候甚至会持续几个小时。

这种疾病会成为生活的阻碍是不言自明的。

由于幻觉与幻听，精神分裂症患者的日常交流和工作都不能正常进行，更有甚者，连自己与别人的情感都理解不了。精神分裂症的患病率在 1% 左右，日本约有100万患者。目前，我们依然不能明确这种疾病的病因，主要通过抑制多巴胺神经元活动的药物和心理咨询对其进行治疗。

关于精神分裂症，斯坦福大学的人类学家谭亚·鲁尔曼于2014年公布了一项引人深思的研究结果：即使精神分裂症发病，也有人不会因那些症状感到痛苦。

鲁尔曼在美国、加纳和印度对精神分裂症患者进行采访，询问他们"脑海中的'声音'在说什么""说话的人是谁"等问题。对所有回答进行整理后，她总结出幻听的差异。

首先，与日本人相似，美国人的幻听内容几乎都是负面的。其中，"去死""杀了你""你是最差劲的人"等充斥着暴力与憎恨的内容占大部分。而加纳和印度乡村的人则听到了"正直地生活下去吧""好日子会到来"等积极的内容，这些声音的语气大多很温和。因此，即便患了精神分裂症，这些症状也不容易降低患者的生活质量，他们的好转速度也比较快。

对于这一结果，鲁尔曼认为："对美国人来说，外部的声音意味着'疯狂'。"

在大多数发达国家，人们都将幻听看作异常的东西或疾病的一种表现，认为它是一种不得不矫正的问题。而在非洲和印度乡村，人们常常将幻听解读为神的话语或祖先的指示，由此，幻听变成了一种积极的存在。

人们在很久以前就已经了解，幻听的内容会随着时间与地点的改变而改变。

人类学家在20世纪80年代进行的多项实地调查显示，墨西哥裔美国人将幻听看作祖先的话语，精神分裂症患者周围的人对他们抱有宽容和同情的态度。患者因此将幻听看作一种好事，他们的日常生活不太容易受幻听的干扰。而欧洲裔美国人常常给有幻听症状的患者贴上"恐怖"或"异常"等标签，患者的症状因此进一步恶化的例子不在少数。

此外，其他研究显示，20世纪30年代的人常常听到"去爱其他人"或"去亲近其他人吧"等温柔的幻听。20世纪80年代以来，"去自杀吧""大家都看不起你"等带着恶意的内容大幅增加。关于这一现象出现的原因还没有定论，也许是因为20世纪30年代人与人之间关系还比较亲密，而到了 80 年代，个人主义思想变得更加强烈。

虽然这个问题还没有简单到换个地方住就能解决的程度，但是幻听的内容的确会被环境影响。也就是说，对加纳人和印度人来说，他们国家的文化起到了结界的作用。

3

药的尺寸越大，药效就越强

精神分裂症的例子告诉我们，在精神世界中，内部环境与外部环境都非常重要。

- 内部环境：个人的性格、情感、预期、意图等状态。
- 外部环境：物理、社会与文化环境的状态。

假设医生给你开了抗抑郁药。这时，不管是"这种药物含有有效成分，应该会起作用"这样的期待，还是"依赖药物好像很可怕"这样的情绪，都属于内部环境的问题。

另一方面，如果"在家吃药还是在医院吃药"这样的环境差异或"父母反对药物治疗"这样的周遭看法让你感到困扰，就属于外部环境的问题。

研究显示，抗抑郁药、精神药品、感冒药等都会受这两个因素的影响。内部环境与外部环境越友好，药效就越好。如果本人认为"这种成分不会有用的"，且用药的行为不能得到其他人的支持，药效就会下降20% ~ 100%。

类似的研究还有很多。根据这些研究可知：药的尺寸越大，药效就越强；如果成分及含量相同，2片药比1片药的药效更强；穿白大褂的医生治愈疾病的速度比穿便衣的医生快。这是因为这些因素都起到了整顿内外环境的作用。

哈佛大学医学院的泰德·卡普丘克提出了以下观点："在比较各种药物或心理疗法效果的研究中，我们可以发现，仪式感这个因素常常会发挥作用。想要让药物见效，患者必须定期前往医院，接受穿着白大褂的医生的治疗，再接受某些神奇的处理。"

医院能够治好我们的病症，依靠的不仅仅是药物。医院能够治病的原因也包括专程前往国家或专业人士认可的机构（外部环境），以及对自己接受适当治疗的期待（内部环境）。

当然，内部环境与外部环境并非万能的灵药，它们既不能消灭恶性肿瘤，也不能让看不见的人重获视力。要治疗这类疾病，药物和外科手术的力量是不可或缺的。

但是，好的内部环境与外部环境可以缓解精神分裂症等疾病的症状，这是不争的事实。正如哲学家伏尔泰所说的："医生的技术是为了患者的快乐而存在的。"

4 威胁既来自外界，也来自内心

整顿内部环境与外部环境的途径有 2 种：

①调整外部环境。

②调整内部环境。

外部环境不难理解，顾名思义，就是指围绕在你周围的世界。

如果邻居发出恼人的噪声，或者总是在公司接到无理的指示，你的压力可能会向慢性化（问题没有从源头解决，导致反复出现）的方向发展。正如序章所述，我们的大脑不眠不休地对周遭的异常保持警戒，如果周围充满威胁，大脑就会不由分说地调动自我的功能，射出诸如"再这样下去不会出问题吧"的"第二支箭"。

要解决这个问题，就只能改变环境。例如，传统的禅宗修行在远离俗世的树林里进行。这些手段的目的都是给大脑一种"我受到保护"的感觉。

内部环境指的是我们的内在，它可以被细分为以下2个种类：

①思维与想象。

②内脏感觉。

思维与想象指的是浮现在脑内的"关于过去失误的记忆"或"自我否定的言语"等内容。

除了外界，人的大脑还在不间断地监视自己的内心，检查过去和未来是否存在问题。如果出现了"我是个没用的人"这样的思维，大脑自然就会得出"出现了威胁"这个判断，让自我开始运作。无论是因为想象未来的困难而感到不安，还是因为谎言被亲近的人拆穿而感到羞耻，都是大脑对内部环境进行监视的结果。

内脏感觉在第2章中已有所论述。它指的是被人体的高性能"传感器"检测到的肉体的变化。威胁大脑的因素既来自外界，也来自内部。

理解了以上内容，就可以学习整顿内部环境与外部环境的方法。

虽然可能会显得有些多余，但还是要提醒各位读者，良好的饮食、运动和睡眠是一切的前提。营养不足或运动不足会导致身体出现问题，无论本人是否能够察觉，这些问题都会很大程度地对负面情绪产生影响。不管使用怎样的心理方面的技巧，只要肉体的状态没有得到改善，就无法摆脱不愉快的心情。

本书不会详细介绍改善饮食、运动或睡眠方面的内容，因为这并不需要使用什么特别的方法，只要按照世界卫生组织的健康指南来安排就可以。请在保持目前生活习惯的情况下尽可能地调理身体状态，并在此基础上使用接下来介绍的训练方法。

每种方法都是一些微小的动作，所以一开始可能并不能感觉到有什么不同。但我们的精神出人意料地灵活，所以即使是微不足道的干涉，最终也有可能引发巨大的变化。只需要选择两三个与自己的感受最契合的方法，至少坚持 3 个星期，安心的感觉就会慢慢在你的心中扎根。这就是保护你的"结界"。

5 整顿内部环境

首先要介绍的是整顿内部环境的方法。具体的方法分为提升情绪粒度和内感受训练两种。接下来，正确认识内心的活动并给予大脑安全感会是你的主要目标。

方法 1 提升情绪粒度

情绪粒度是心理学的概念，指的是用具体的语言表达模糊的情绪的能力。能力水平较高的人与较低的人之间存在以下差异。

● 情绪粒度低：不愉快的事情发生时，仅仅用"恼火"或"恶心"等一两个词汇来表达所有情绪。

● 情绪粒度高：心情不好的时候能想到"怄气""愤怒""烦躁"等多个词汇，并在其中选择最合适的一个。

这种能力看似不起眼，实际上近几年的研究发现，情绪粒度在很大程度上影响精神的稳定性。来自乔治梅森大学等高校的研究者对情绪粒度高的人进行调查，发现他们总体拥有更强的自制力，不仅不容易对酒精或药物上瘾，而且不容易患病。

这是因为情绪粒度越高，大脑就越不容易混乱。

即使只是用"不好的情绪"来笼统地概括，其程度也存在强弱之分。根据具体情况的不同，我们的内心常常同时混杂着几种情绪，能单纯以"愤怒"或"悲伤"概括的情况反而比较罕见。像带着悲伤的愤怒、由着急引发的愤怒、潜藏在期待背后的烦躁，相似的情绪中混杂着各种各样的情绪，这样的情况才是比较普遍的。肉体的变化也能反映情绪间的差异，出汗量与肌肉紧张程度的不同都是不同情绪的体现。

这时，如果我们仅仅用"恼火"来描述复杂的情感，大脑就会陷入混乱。这是因为身体的感受器会带来稍有不同的感觉数据，但是意识总是将它们当作单一的情绪进行处理，这就会导致无法精准地处理情绪。

由于不明所以的大脑不能正常处理信息，就会持续引起压力反应，导致你长时间地感觉到"好像有些烦闷"这样的似是而非的情绪。如果上司让你"在明天之前做好3份文件"，你并不会感到困扰。如果他只是让你"好好干"，你就会感到不知所措。你体会到的莫名的情绪比较类似于这种状态。

提高情绪粒度的方法有2种：

①学习新的词汇。

②为情绪贴标签。

接触没有见过的表达方式是最简单易行的方法。可以翻阅一本平时不看的小说，尝试积累除了悲伤之外的各种表现情绪强弱的词汇，如感伤、凄凉、伤怀、凄惨等。

除了学习新的词汇，接触"落入深渊般的孤独""像猪一样日益肥壮的孤独"这样的比喻也是非常有效的。遇到新的表达方法的时候，如果能够思考"这种说法能不能表达我过去的某种情绪"就更好了。

另外，尝试接触没学过的外语也是一种有效的方法。例如，在因纽特语中，"望眼欲穿的期待感"被称作"Iktsuarpok";在印地语中,"与所爱之人分别时的心痛"被称作"Viraag"。即使只是知道这些单词的存在,大脑也会变得更擅长处理情绪,也更能抵抗压力。

第二种方法是为情绪贴标签,它指的是尝试准确表达日常生活中体会到的情绪。请你闭上眼睛,回忆两三个经历过的负面事件。例如被素不相识的人咒骂、工作上出现失误、在其他人面前跌倒等。

清晰地回忆这些令人不愉快的事件,请尽量仔细地描述当时体会到的情绪种类。可以使用"成群的蚊子叮咬裸露的肌肤般的压力"这样的比喻,也可以用"愤怒占比30%,悲伤占比20%,急躁占比50%"这样的方法来表现情绪的比例。如果找不到贴切的表达方式,不妨查阅情绪表达词典或近义词词典。

在日常生活中遇到不愉快的事,同样是为情绪贴标签的好机会。当你在工作上出现失误,或在社交媒体上受到无礼的言语攻击,在因为反射式的愤怒或羞耻的情绪失去理智之前,请先尝试找出最符合当下情绪的语言表达,例如"这种羞耻感让人想钻进洞里""对不讲理的行为感到义愤填膺"。只要能够找到正确的语言来表达，大脑感受到的威胁很快就会减少。

至于具体执行，可以以一天 5 ~ 10 分钟为基准，坚持练习 2 ~ 3 周。就像画家能够分辨常人无法区分的色彩一样，情绪也是如此。如果具备了快速辨别各种情绪的能力，被贴上标签的情绪就会化为"语言'结界'"，保护你的精神世界。

方法 2　内感受训练

内感受指的是感知前文所说的内脏感觉的能力。如果不能正确判断自己的呼吸、心跳频率或体温的变化，就说明你的内感受能力较弱。这也就意味着感受威胁的内脏"传感器"没有完全发挥作用。

正如前文所述，身体的状态会对情绪产生影响。而内感受的异常也会对我们的精神造成负面影响。也许你觉得"心跳或呼吸的变化是很容易察觉的"，但是在现代社会，不能正确感知这些变化的人其实非常多。在埃克塞特大学的一项研究中，研究者对患有重度抑郁症的研究对象进行调查。结果显示，精神问题越严重的人，就越不能正确估计自己的心率。除此之外，还有多项研究表明，容易受焦虑或抑郁情绪困扰的人常常不能正确地感知自己的体温、空腹感、脉搏等信息。毫无疑问，内感受与精神健康之间存在紧密的关联。

内感受的混乱之所以会引发痛苦，是因为情绪不能得到正常的处理。需要重申的是，人类的负面情绪是一种"生存工具"，是为了更快地适应变化而进化出来的。愤怒会给我们行动的勇气，焦虑可以帮我们提高处理问题所需的集中力，而悲伤能让人们团结在一起。没有负面情绪，你就无法巧妙地应对外界的威胁。

由于来自身体的感觉信息是大脑判断情绪强度的依据，如果不能把握内脏的感觉，就无法衡量情绪的强度。尽管能够判断某种心情是愉快的还是不愉快的，但是这种情绪具体是紧张、恐惧、愤怒还是不安，大脑无从分辨。

美国东北大学的丽莎·费尔德曼·巴雷特进行的一项研究显示，内感受能力较弱的人往往不能分辨情绪的强度，愤怒与悲伤、不安与抑郁等不同的情绪在他们看来并没有区别。这就导致他们的大脑无法对情绪的多样性进行判断，他们对眼前的问题进行正确判断的能力也会因此减弱。总而言之，想要减少大脑受到的压力，首先要把握身体感觉。

6 锻炼你的内感受

提升内感受的方法有许多种。此处要介绍的是
澳大利亚南澳大利亚州政府教育部推行的方案。该方
案指导小学生进行为期 8 ~ 16 周的内感受训练，其
成果包括小学生的学习兴趣增强、校园霸凌与旷课现
象减少等。内感受的改善使得学生压力减少，进而让
问题行为得到了改善。请在以下练习中选择自己喜欢
的，每天进行 5 ~ 15 分钟即可。

心率追踪

在这项练习中，你需要估算自己的心率。步骤如下：

①估算自己的心脏 30 秒跳动的次数。

②估算自己的心脏 40 秒跳动的次数。

③估算自己的心脏 50 秒跳动的次数。

④用手按压手腕或心脏，数自己的心脏 30 秒、40 秒和 50 秒实际跳动的次数。

⑤将以上数值代入以下公式：

1-{(| 实际心率－估测心率 |)÷[(实际心率＋估测心率)÷2]}。

将得出的结果用以下标准进行评判。

0.7 以上：内感受水平高于平均水平。

0.61 ～ 0.69：内感受水平处于平均水平，依然有改善的空间。

0.6 以下：内感受水平低于平均水平。

心率追踪也可以用于衡量内感受的精确程度。用这种方法定期观测自己的进步也是不错的选择。

肌肉感觉追踪

这种方法是内感受训练中最基本的练习。可以睡前在床上或垫子上进行练习。步骤如下：

①保持平躺的姿势，缓慢地呼吸。可以闭上眼睛。

②吸气 4 秒，眼睛与额头尽量用力绷紧；呼气 8 秒，

放松绷紧的部位。

③吸气 4 秒，将嘴尽量张大；呼气 8 秒，放松嘴部。

④吸气 4 秒，尽量伸展双臂及手指；呼气 8 秒，放松手臂。

⑤吸气 4 秒，用力蜷缩脚趾；呼气 8 秒，放松双脚。

⑥吸气 4 秒，双脚尽量用力；呼气 8 秒，放松双脚。

⑦吸气 4 秒，脸部、四肢尽量用力绷紧；呼气 8 秒，放松绷紧的部位。

⑧重复缓慢呼吸的过程，体会全身放松的状态。

练习的要点在于，在身体各个部位用力的时候，应将注意力集中在肌肉的变化上。请仔细地感受肌肉紧绷的感觉和放松的感觉。实践的时候，每天需要练习 5 ~ 10 分钟，至少持续 4 周。由于这项练习具有较强的放松效果，不妨将其作为入睡前的仪式。

净化呼吸法

净化呼吸法是应用于瑜伽领域的一种呼吸训练。近十几年来，检验其效果的研究证明，这种方法对缓解压力和抑郁症状有一定的功效。请按照以下步骤进行练习。

①背部挺直，盘腿坐下，双手置于腹部两侧。

②用鼻子吸气4秒→屏气4秒→用口呼气6秒→屏气2秒。

③以步骤②为一组动作，重复8组。之后正常呼吸，休息10秒。

④将双手放在胸前，用这种姿势重复做8组步骤②。之后正常呼吸，休息10秒。

⑤将双手置于肩胛骨上，用这种姿势重复做6组步骤②。之后正常呼吸，休息10秒。

⑥以尽量快的速度呼吸30～50次。在此期间，吸气的同时举起双手，呼气的同时将双手放下。之后正常呼吸，休息10秒。

⑦将步骤⑥重复2次。

⑧最后，发出3声"哦——"，深呼吸3次。

在净化呼吸法中，我们需要用几种不同的方式来呼吸，因此胸部和腹部在各个阶段会有不同的感受。"改变呼吸的速度是什么感觉？""手的位置不同，呼吸也会发生变化吗？"练习的时候请将注意力集中在类似的感觉变化上。

另外，这种呼吸练习结合了深呼吸与快速呼吸，因此可以让人同时处于放松与清醒的状态。练习会使你进入一种心情平和、思维敏捷的特殊状态，因此在处理困难的事务前进行练习会非常有效，想必实际体验后你也会有所体会。实践的时候，可以以每天完成所有步骤 1 次为基准，至少坚持 4 周。

净化呼吸法

步骤 1：吸气 4 秒

屏气 4 秒

呼气 6 秒

屏气 2 秒

（重复 8 组）

步骤 2：同上（重复 8 组）

步骤 3：同上（重复 6 组）

*各步骤间休息 10 秒

尽量快速呼吸 30 ～ 50 次。

在此期间，

吸气时双手举起，

呼气时双手放下。

之后正常呼吸，休息 10 秒，

再做 2 组

发出 3 声"哦——"，

深呼吸 3 次

7

整顿外部环境

本节要介绍的是整顿外部环境的方法。具体分为建造避难所和着陆两种。接下来，我们就可以尝试整顿所处的环境。

方法 1 　建造"避难所"

着手整顿外部环境时，改善自己房间的环境当然是第一步。改变室内布局、摆放观赏植物、添置喜欢的家具等让你感到舒适的行为都能给你的大脑带来安全感。

然而，无论怎么整理自己的房间，职场或学校的环境都是自己无法掌控的，这时我们又该怎么办呢？为了应对这种情况，我们需要了解在自己的脑海中建造"避难所"的方法。即在脑海中准备一个能让你发自内心感到安全的空间，在有需要的时候就可以逃到那里去。

安全岛

"安全岛"是心理治疗中一种常用的方法，通常用于被焦虑症或神经症困扰的患者。具体方法如下：

①在能够放松的环境中舒服地坐着，闭上眼睛。

②思考"能让我感到安心的地方或场景是怎样的"，等待答案在脑海中浮现。浮现在脑海中的可能是你去过的某个地方，可能是你梦想着有一天能够前往的地方，也可能是你在电影中看到的地方。

③观察浮现在脑海中的场景，将注意力转移至更加细微的部分。如果场景中有建筑物，它是用什么材料建成的？如果出现的是花田，那些花是什么颜色的？是否有其他的事物？……想象的细节越丰富，安全感就越容易增加。

④接着，将注意力转移至想象中出现的声音。远处有什么声音？近处有什么声音？有没有认真听才能听到的声音？对于声音的想象也应尽量细致。

⑤现在请注意皮肤的感觉，例如脚底感受到的地面的硬度、周围的温度与湿度、空气的流动等。请你

清晰地在头脑中描绘你能触碰到的一切事物。

⑥最后，请给你想象的场景打分。"完全没有安全感"是 0 分，"感受到深切的安全感"是 100 分。请重复以上步骤，直到 80 分以上的场景出现。

在应用这一方法的时候要注意，不能主动思考场景的样子。例如"因为是南方的场景，所以那里生长的应该是这样的植物吧"，以这样的理由展开想象是不可取的。要回答"对自己来说安全的地方是怎样的"这一问题，你需要做的是耐心等待"安全岛"自然而然地浮现在心中。

如果好的场景没有出现，也没有关系。在不断重复的想象过程中，合适的"安全岛"的样子会慢慢变得清晰。

在面对日常生活中的压力时，请务必使用自己建造的"安全岛"。当你在职场上或学校里感受到不愉快的情绪，或当你在就寝前突然感到焦虑的时候，慢慢地闭上眼睛，使用脑内的"安全岛"，并在想象中停留一段时间。

你可能会怀疑想象出来的"安全岛"是否真的有

意义。正如之前的章节所述，我们体验到的世界中，本身就有一大半的信息是由脑内的想象构成的。因此，我们的大脑不能很好地区分现实和想象中的数据，脑内构建的场景会被当作真实的信息进行处理。

社会支持练习

这种方法也在认知行为疗法中得到了广泛应用。它可以通过增强与他人相互关联的感受给大脑安全感。

人类长期生活在集体中，被社会孤立会带来慢性压力。只要有能够信赖的人存在，我们就会感到安心，这是进化的结果。社会支持的影响力远比我们想象得大。一项元分析总结了来自杨百翰大学等高校的148项研究成果，得出结论：比起吸烟和缺乏运动，孤独感会给身体带来更恶劣的影响。

在接下来的社会支持练习中，你将重新认识自己与社会之间的关系。

制作社交网络图

首先，简单地列出存在于自己的社交网络中的人。可以参考以下示例。

亲近的人：家人、亲密的朋友或同事等。

熟悉的人：偶尔打招呼的邻居、常去的便利店的店员、常常擦肩而过的人等。

仰慕的人：自己的榜样、值得尊敬的伟人、喜欢的电影或书籍中虚构的角色等。

可能会帮助自己的人：主治医师、老师、法律咨询处的律师、网络社群的网友等。

针对列出的人，思考"我与这个人的关系有多亲密"。请至少将 15 个人或角色的名字列出来。关系越亲密的人，就将他的名字写在越靠近中心的地方。

社交网络图

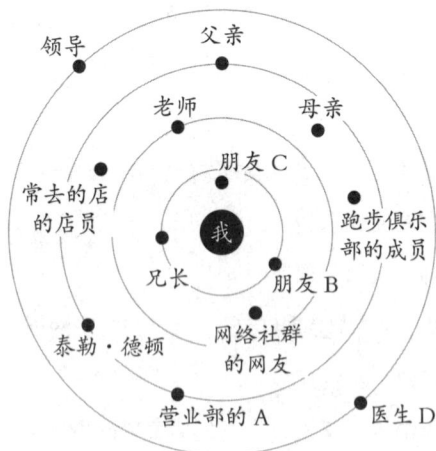

社会支持分析

观察填好的社交网络图，思考以下问题：

•在这些人中，你想跟谁一起度过更长的时间？

•为了增加与亲密的人接触的时间，你能做些什么呢？

•是否存在能够与之谈论现在的苦恼或困惑的人？如果没有，是否能够咨询专门的组织机构或自助小组？

以上就是社会支持练习的全部内容。

请随身携带填好的社交网络图，负面情绪涌现的时候就拿出来看一看。

完成这个练习，多数人都会重新意识到"我生活在社会中"或"关键时刻我有可以依靠的人"，压力也会即刻得到缓解。在以后的人生中，每当新的社会支持出现，可以随时添加到社交网络图中。

方法 2　着陆

"着陆"是应用于心理治疗领域的一种方法，它是将心灵拉回"现在"的各种技巧的总称。

正如第 1 章所述，我们的痛苦之所以会延续，主要原因就是大脑以自我为起点向未来或过去展开想象，导致负面情绪增加。人类的烦恼无穷无尽，就是因为意识偏离了"现在"。

因此，"着陆"意在将意识从未来或过去拉回"现在"，从而减少痛苦。没有未来的焦虑，没有过去的失败，"现在"是个安全地带，只要不脱离眼前的世界，就不会有更严重的灾祸发生。

接下来要介绍的是最具代表性的"着陆"。如果内心出现了负面感受，可以进行尝试。

自我解说法

指此时此刻将自己的名字、年龄、所处的地点、正在做的事、接下来打算做的事说出来的方法。"我的名字是……，40岁。现在在办公室里，正在制作演讲的资料。接下来打算去常去的咖啡厅吃午餐……"像这样，请你淡然地讲解现在的情况。这时，大脑的意识会马上转向"现在"，只需要几分钟，心情就会变得轻松。

"54321"法

这是一种动用5种感官的"着陆"方法。当焦虑突然袭来，或心情郁郁寡欢的时候，请按照以下步骤回归"现在"。

①选择眼睛看到的 5 样东西，例如地毯上的斑点或墙上的痕迹。请环顾四周，选择平时注意不到的事物。

②选择触觉感觉到的 4 样东西。请将意识集中于衣服的触感、桌子表面的光滑感等因素上。

③选择耳朵听到的 3 种声音。请选择平时注意不到的声音，如外面行驶的车辆的引擎声、鸟鸣声等。

④选择鼻子闻到的 2 种气味。有意识地感受室内的芳香、松树的气味、厨房里煮的食物的气味等。

⑤最后，选择现在品尝的 1 种味道。请试着感受舌尖的感觉，可以喝一口饮料或嚼一块口香糖。

在"着陆"的过程中，即使走神了也不要慌张，只要反复尝试，让意识回归到感官上来。当意识回归，你的大脑就会感觉安心，压力也会得到缓解。

心算法

在头脑中进行从 100 开始依次减 7 的计算，减到负数时就从头再来。100，93，86，79……像这样，请你尽量快速地计算。心算时大脑的负荷较重，在不断重复的过程中，头脑就会被计算占据，意识自然容易远离过去与未来。

以上方法，既可以当作不愉快的事情发生时的应急措施，又可以当作有效控制情绪的手段。进行将意识留在"现在"的训练时，请以每天 10 ~ 15 分钟为基准。

8 在内心设置"结界"

本章介绍的结界不可能是完美无缺的。

我们周遭的环境时刻处于变化中，不管我们建设多么牢固的壁垒，它也总有被打破的一天。

话虽如此，能否了解正确设置"结界"的方法，很大程度上决定了自我失控时事态的走向。比起有勇无谋地直面世界的变化，提前在内心打好基础，肯定能让你更容易摆脱"故事"的恶劣影响。

需要在此重申的是，所谓的"结界"是指建立有助于顺利修行的精神基础的工作。在实际尝试下一章介绍的"修行法"之前，请在内心设置好"结界"。

第 4 章

『恶法』

了解自我，然后忘记自我

1

我们应该怎样了解自我

13世纪将禅修的思想传播到日本的僧人道元曾在《正法眼藏》中留下这样一句话："学习佛道就是了解自我，了解自我就是忘记自我。"

想要增强自己的精神力量，了解自我是最重要的，没有必要去关心其他的事务。道元认为，只要能够不断地了解自我，自我最终就会消失。

尽管这种想法的正确性还没有被证实，但是几乎没有人会质疑自我分析的重要性。如果不知道"我究竟是怎样的存在"，就无法针对自我产生的问题提出对策。这种状态就像在不懂方程的情况下贸然解算式一样。

那么，我们具体该怎样了解自我呢？

正如之前的章节所述，我们的自我是进化过程中出现的生存工具，是大脑根据环境创作的"故事"构建出的虚拟的存在。用本书的话来说，了解自我就是"了解自己是由什么样的'故事'构成的"。

例如，与朋友发生争执的时候，有的人会想"该怎么解决这个问题"，而有的人会想"是不是我做错了什么事"，从而感到烦恼。这种思维的差异，就是由构成这些人的"故事"的差异导致的。

具体而言，与朋友开始争吵的瞬间，如果大脑给出的是"与他人意见相左是很正常的事，应该采用建设性的解决问题的方法"这样的"故事"，我们就不会陷入负面情绪，能够冷静地处理。然而，如果出现了"我是一个经常失败的人，一定是我在不知不觉间做错了什么"这样的"故事"，你就会向自己射出"第二支箭"。

像这样，你的判断会在很大程度上受"故事"的影响，它就像某种法规一样指引着你的行为。如果烦恼能够因此得到解决倒也没什么问题，但是正如前文所述，人的行为时常会被"歪曲的法规"左右，甚至可以说我们的人生是由这种"恶法"支配的。

想要解决这个问题，从理解"恶法"的内容着手应当是最明智的。也就是说，本章的要点有以下2个：

①理解制约你的行为的"恶法"。

②学习应对"恶法"的方法。

把握了这2点，就把握了本书对了解自我的定义。

为此，要从"我们的'恶法'是怎样产生的"讲起。

2 人类总会编造没有必要的情节让自己受苦

你拥有的"恶法"是根据人生中所有的事件总结出来的。

与父母或朋友的关系、在学校或公司经历的失败、别人无心的话语……所有的体验都会被大脑作为数据记录下来,并成为歪曲的"故事"植根的土壤。通常来说,在心理治疗领域最容易产生"恶法"的机制主要有3种。

第一种是童年的创伤。儿时遭受过虐待的人更容易具有"我不应该相信任何人"这种思维。儿时家境贫困同样容易引发问题,"我什么都做不到"这种想法就是因贫困而生的。

第二种是原封不动地接受社会流行的世界观。

经济学家麦克斯·罗塞指出，观察过去25年贫困数据的变化，可以发现虽然报纸上本该报道的是"今天有13.7万人脱离贫困"，但通常报道的总是饥饿与暴力。如此一来，"世界很糟糕"这样的世界观就会慢慢在人们心中成形。除了媒体的影响外，流行于世的负面思维也常常被人们吸收，例如学历低的人会认为"我没有价值"，患有某些障碍或疾病的人会形成"我不能适应社会"这种意识。

第三种是将日常琐事当作规则记在心中。被朋友嘲笑发型奇怪的记忆、考出好成绩却被父母忽视的打击、好朋友违背约定时的悲伤……所有的经历都有可能成为你的规则体系的一部分。至于具体哪些经历会被纳入其中，是由当时的年龄以及天生的性格决定的，我们并不能控制。

这样看来，这些规则似乎都是不好的存在。然而，大脑制定的规则体系原本是为了保护我们而诞生的。例如，如果以"我没有价值"为准则，你就不会采取不必要的行动，从而保护自己避免不可控的事态发展的影响；如果相信"世界很糟糕"，就不会鲁莽行事。

然而，这些规则仅仅能够用来应对特殊的情况，在日常生活中使用并不能正常地发挥作用，就像依据商业法的条文去处罚盗窃犯一样。

　　即便如此，由于忘不了过去成功的经历，大脑还是会继续使用以前的规则，引发痛苦。

　　"说起人类的定义，那就只有一点。他们是一种编造出不必要的情节，还让自己感到痛苦的生物。这样说就足够了。"

　　就像夏目漱石在《我是猫》中叙述的那样，我们的大脑总是会编造出一些莫须有的规则，还让我们感觉那就是现实，导致我们持续不断地感到烦恼。要解决这个问题，我们就只能遵从道元的教诲，了解自我。

3

带来痛苦的 18 种"恶法"

将脑内的"恶法"用文字描述出来是一件困难的事。

正如前文所述，大脑的搜索引擎非常发达，从察觉到外界的异常开始，到动用某个规则之间的时间不过 1 毫秒。所有的处理都是自动进行的，我们甚至无从判断自己正在遵从的是哪一条规则。

这就意味着，要了解自我，首先要学习你迄今在人生中构建的规则体系的内容。挖掘出操纵着你的规则内涵，了解自己究竟被什么规则所驱动，这正是了解自我的第一步。

然而，你的大脑中存在着数不胜数的规则，想要把每一条都看透是不可能的。作为捷径，我们可以首先了解困扰大多数人的"恶法"的基本模式，从中找出符合自己情况的"恶法"。

了解"恶法"的方法有很多，本书使用的是由哥伦比亚大学的心理学家杰弗里·杨博士等人提出的分类方法，这种方法最容易为大多数人接受。

杨博士认为，人之所以会出现精神疾病，是因为我们储存在大脑中的思维、情感和行为模式功能失调。以这种想法为基础，他创立了被称作"图式治疗"的心理疗法。这种疗法是"第三代认知行为疗法"的一种，能够有效应对一向难以治疗的人格障碍和抑郁症复发。

图式治疗法将"恶法"的模式分为 18 种。请浏览一遍，思考其中是否有符合你的日常情况的内容。

1. 放弃

处于这种模式的人无论如何都无法完全信任家人、朋友、恋人等亲密的人。因此，他们总是无法摆脱"反正到最后肯定只剩下我一个人"或"即使是现在很亲近的人也会很快离开"等想法。童年没有得到父母充分的照料，或因住院等缘由与养育者长期分离的人常常会处于这种模式。

　　拥有这种模式的人总是对人际关系感到焦虑，因此他们与人交往的方式比较极端，与亲密的人关系破裂的情况也不在少数。很多人还怀有"自己总是会被抛弃"的想法，使他们无法忍受人际关系带来的焦虑感，从而避免与人交流、主动破坏与他人关系的情况也很常见。

　　对亲密关系紧抓不放；试图控制他人；担心他人离开自己，所以隐瞒自己的情绪和需求；害怕被抛弃，完全不与他人接触。

　　如果你的行为明显符合以上几点，就很有可能拥有"放弃"这一"恶法"。

2. 不信任

　　抱有"他人会欺骗我""人们会利用我"等想法，总是怀疑他人的模式。

　　处于这种模式的人，"被骗的总是自己""我总是吃亏""几乎所有人都只会考虑自己"等想法非常强烈，不会轻易对人敞开心扉。

　　由于不会对任何人吐露心声，他们很难与他人建立亲密关系。面对态度亲切的人，他们会抱有"他是不是想骗我"这种不安的想法，有时会主动与对方保持距离。由于对他人的警惕心过强，即使没有遭受不好的对待，他们有时也会攻击他人。

回避他人，没有谈论私人话题的意愿；总是在意他人的想法；总是警惕他人的行为；无法相信别人说的话；感觉别人都不能理解自己；如果提供了自己的信息，就感觉会被他人利用。

如果感觉自己也有这样的心理或行为，就有可能拥有"不信任"这种"恶法"。

3. 剥夺

"我得不到我需要的情感支持"这种想法就是剥夺模式引发的。

这类人会产生"没有可以寻求建议的对象""从来没有精神上被支持的感觉"等想法，总是不能摆脱"感觉似乎缺少一些东西，却不知道缺少什么"这种感受。这是最常见的模式之一，常常出现在儿时没有得到养育者足够照顾的人身上。

不了解自己的情绪或需求；对家人或朋友投入过

多感情或放弃亲密的人际关系；不与他人分享自己的心情；从未感觉自己对某人来说是特别的存在；一生中几乎没有人能为自己提供支持。

常常出现上述行为或有以上感受的人，可能拥有剥夺这种"恶法"。

4. 缺陷

这是一种引发"自己本质上有某种问题""我低人一等"等想法的模式。童年时期遭受虐待、冷落和拒绝常常会导致形成这种模式。处于这种模式的人，在成长过程中往往没有得到养育者充分的照顾，"自己有过错""我可能做了什么不好的事"等想法根植在他们心中。

与人交往时，他们容易变得自我意识过剩。犯错的时候，他们常常会出现强烈的羞耻感。由于脑内每时每刻都充斥着自我厌恶与自我批判，他们会感觉自己没有任何价值。

对批评或拒绝过度敏感，总是否定自己的伴侣，会借助食物或酒精缓解压力，回避可能受到他人评价的场合，避免与知道自己失误经历的人交往，每件事都力求完美，回避亲密关系。

常常出现上述行为的人有可能拥有"缺陷"这种"恶法"。

5. 孤立

让人感受到"自己无法融入周围的人群""我总是游离在集体之外""大家都觉得我很奇怪"的模式。

搬家次数较多，因为外貌或疾病而受欺负，因为家庭经济状况与周围的家庭存在明显差异被疏远，这些童年时期的经历常常是这种模式的源头。

完全回避他人，不会主动与人对话，为了在集体中感到放松会选择摄入酒精或药物，只在封闭的群体中才感到自在，会因为过度照顾他人而被疏远。

上述行为较多的人可能拥有"孤立"这种"恶法"。

6. 无能

引发"我无法处理日常问题""我需要别人才能活下去"等感受的模式。

处于这种模式的人坚信"我是无能的"，因此他们从来都不相信自己的判断。童年时自己的意志不能决定事态发展的人容易处于这种模式。

感觉自己没有常识，过度担心问题发生，总是寻求他人的建议或帮助，拖延重要的工作，出现问题时不知该做些什么，感觉自己无法掌控自己的人生。

经常出现上述行为或感受的人可能拥有"无能"这种"恶法"。

7. 脆弱

引发"会不会发生什么不好的事"等恐慌感受的模式。

处于这种模式的人会思考"我是不是病了""我会不会因为地震失去一切"，并为此而感到不安。即使不存在风险，他们也会在任何地方试图寻找危险的因素。儿时受到父母过度担心或保护的人容易处于这种模式，它可能会引发焦虑障碍或抑郁症。

感觉世界是一个危险的地方；感觉思维在高速运转；在意全世界范围内发生的不好的事；非常担心会失去全部财产；无法控制思维带来的压力，导致失眠；在健康方面存在焦虑的时候，会不停地在网上查询相关症状；为了感觉安心，会反复征求他人的意见。

如果上述行为或感受经常出现，就可能拥有"脆弱"这种"恶法"。

8. 未分化

总是注意他人的需求或情绪，却忽略自己的需求或情绪的模式。

这类人在他人感到沮丧时自己也会沮丧，他人高兴时自己就高兴，他人失败了就像自己也失败了一样。

由于自己的情感总是受他人支配，他们很容易产生"人生好像并不属于自己""强烈地感觉人生是空虚的、未被满足的"等想法，让父母或朋友感到压抑的情况也不少见。这种模式常见于被自恋的父母养大的人身上。

不擅长独自生活；如果父母或伴侣不幸福，自己就不幸福；为了缓解空虚感会大量摄入酒精或刺激性物质；有时会突然对父母或朋友大发雷霆。

如果上述行为或感受经常出现，就可能拥有"未分化"这种"恶法"。

9. 失败

会让内心产生"我比其他人更失败""我对自己的能力完全没有自信"等想法的模式。

童年时的努力遭到父母或周围人的嘲笑，或尝试挑战却受到批评的人常常拥有这种模式。他们在职业生涯、人际关系、经济状况、日常生活等诸多方面都会深刻地感受到"我是失败者"，因此容易体会到绝望或抑郁。

不接受挑战，拖延工作，会逼迫自己成为"工作狂"，认为自己现在的人生是一种耻辱，感觉周围的人比自己更有能力。

如果上述行为或感受经常出现，就可能拥有"失败"这种"恶法"。

10. 傲慢

处于这种模式的人相信自己比他人优秀，认为自己有资格获得特殊的权利。童年时期被过度宠爱的人常常拥有这种模式。

他们经常会仅仅为了满足自己的需求而控制他人，极端的求胜欲、自私自利以及无视规则等都是他们的特征。另一方面，他们有时会缺少真正的自信，或怀有羞耻的感受，因此会对批评反应过度。

不能接受他人的否定或拒绝，认为自己不应该被社会的规则束缚，不承认自己的错误，总是优先考虑自己，不能忍受别人指使自己做事，曾经被人评价控制欲很强。

符合上述条件的人可能拥有"傲慢"这种"恶法"。处于这种模式的人容易认为"我身上发生的不好的事都是他人的过错导致的"，因此，傲慢是难以改正的"恶法"之一。

11. 放纵

与其他的模式不同，这种模式没有核心的信念或思维，其中一个重要成因是大脑前额叶活动不足导致的自制力低下。前额叶负责情绪管理和计划执行，被称作大脑的"刹车系统"。

前额叶功能低下的原因非常复杂。儿时没有学习过忍耐，出生后数年内被父母忽视，成长过程中长期承受某种压力等情况都与此有关。

无法停止酗酒、吸烟、暴饮暴食等行为；不擅长忍受不愉快的情绪；感觉自己能量过剩，却很难将精力投入生产性的活动；匆忙做出事后会后悔的决定；即使一时沉迷于新的主意或计划，也会在开始执行的时候丧失兴趣；难以维持注意力，很快就会转而关注其他事情。

如果上述行为或感受经常出现，就有可能拥有"放纵"这种"恶法"。

12. 服从

不善于表达自己的意见，即使感到愤怒或悲伤也不表现出来。这种倾向较强的人有可能受到了服从模式的影响。

在压力较大的家庭中成长的人容易处于这种模式，他们有可能在童年时期习得了"什么都不说才比较安全"这种信念。由于总是隐藏自己的情绪，他们会强烈地感觉到"我在被别人利用"或"我受人轻视"，与人建立联系的需求不能得到满足。

内心受到伤害也不会对他人诉说；会因为害怕陷入纷争和遭人拒绝而讨好他人；不接电话；无视他人；会使用被动的方式攻击他人，如敷衍地完成对方交代的任务等。

常有上述行为的人可能拥有服从这种"恶法"。

13. 牺牲

引发"被人请求就无法拒绝""不忍见到承受痛

苦的人""优先考虑自己是自私的"等感受的模式。由于它会促使人们帮助他人或采取宽容的行为，所以表面上看似乎是一种正面的模式。然而，其背后隐藏着对自己的情感与幸福的牺牲，常常会导致疲惫、空虚、愤怒慢慢累积。

被神经质或有成瘾症的父母抚养长大、儿时不得不照顾兄弟姐妹或父母的人容易处于这种模式。"比起自己，必须优先考虑他人"这种规则，深深铭刻在他们的脑海中。

他人经常向自己寻求帮助或建议；亲近的人有所请求时无法拒绝；对他人的付出比回报多；比起麻烦别人，自己做反而更加轻松；由于帮助别人而感到疲惫、被消耗；由于没有人会帮助自己，感到自己被低估了。

如果上述行为或感受经常出现，就有可能拥有"牺牲"这种"恶法"。

14. 认同

过度重视他人眼光的模式。

想被他人喜爱是理所应当的，但是拥有这种模式

137

的人会为此过于努力，以至于投入大量的时间和精力，完全忽视自己的情感和需求。

早在童年时期，父母就决定了他们的人生轨迹：只有让父母开心，他们才能得到爱和关心。有些人在重视体面或他人眼光的家庭中长大。

他们行动的动机总是由周围人的反应决定，因此他们会做自己不喜欢的工作、建立表面化的人际关系，或因"给人的印象很好"等原因尝试某种爱好，却从来不能获得充实感。

在意他人的看法，行为或说话方式会根据对象不同而改变，对地位、外貌、金钱、业绩非常执着，担心会让别人生气，对自己的身体、发型、服装、随身物品非常执着，与他人在一起时不能放松，非常情绪化地对待与自己意见相左的人。

符合上述行为的人可能拥有"认同"这种"恶法"。

15. 悲观

让人只关注人生消极的方面，无视积极方面的模式。

"肯定会发生什么不好的事""大多数时候都不顺利"等感受在心中挥之不去，他们总是无法摆脱担心与焦虑。看到乐观的人，他们在认为对方"没有看清现实"的同时，又会很羡慕。因此，他们的大脑对压力的反应会随时波动，身体状况不佳的人不在少数。

常被朋友说自己很悲观；经常思考人生的阴暗面；认为错误的选择可能会招致灾祸，因此难以进行决策；为了避免人生的悲剧而提前做好计划；由于不想失望，总是预先设想最坏的情况。

常有上述行为的人可能拥有"悲观"这种"恶法"。

16. 压抑

受"表达情感是可耻的""如果愤怒的情绪爆发，我可能会控制不住自己"等观念的制约，很多人会压抑自己的情绪。虽然会被人当作理性的人，但是他们实际上惧怕自己的内心为人所知，也体会不到活着的真实感。童年时期愤怒或悲伤的情绪曾遭人嘲笑，或成长过程中被父母要求淡然处事的人容易处于这种模式。

被认为是呆板的，不擅长体察他人的情绪，无法表现出脆弱，会压抑正面的情绪，过度重视合理性，看到能在他人面前自由表达情绪的人会感到不快。

如果上述行为或感受经常出现，就有可能拥有"压抑"这种"恶法"。

17. 完美

造成"为了避免批评而设定较高的标准，认为自己必须为之努力"这种感受的模式。

这种模式常见于在批判式的家庭环境中成长的人身上。再怎么努力也得不到夸奖的经历逐渐积累，"我还能做得更好"的感受深深地刻在他们的大脑中。

由于怀有"必须以完美为目标""必须面面俱到"等想法，他们总是会感受到压力，心灵几乎没有休息的时间。因为压力持续存在，给他们的心脏系统带来负担，有的人甚至会患心脏病或免疫系统疾病。

即使取得了社会意义上的成功也感到不满足；总是感觉时间不够用；不擅长转换心情，需要借助酒精或香烟的力量；总觉得自己应该做些什么；如果没有达到期待的标准就会感到耻辱。

如果出现了上述行为和感受，就有可能拥有"完美"这种"恶法"。

18. 惩罚

引发"犯错的人应当受到严厉处罚"等想法的模式。

处于这一模式的人，在面对犯错的人时容易感到愤怒或烦躁，会不留余地地指责或严厉地批评对方。有时，他们批判的对象是自己。工作上出错的时候，他们会持续地自责，甚至会出现自残行为。他们不能容忍他人的缺点，不能与他人顺利交往。

认为犯错的人应该负责并接受惩罚；看到做了坏事却被原谅的人就感到恼火；不能原谅自己或他人，时刻都有憎恨的对象；不自觉地思考他人犯下的过错；认为工作做不好就应当受苦；被认为具有批判性。

如果上述行为或感受经常出现，就可能拥有"惩罚"这种"恶法"。

4

"恶法"评分与"恶法"日记

　　童年所处的环境以及至今的经历，决定了纠缠着你的究竟是哪一种"恶法"。这些经历大多取决于运气，并不以你的意志为转移。

　　有的人一生仅受制于一种"恶法"，而有些人会受多种"恶法"的侵扰。这些"恶法"会在日常生活中发挥作用，不仅让你感受到愤怒或悲伤，还会引发回避他人、闭门不出等不适应的行为。

　　外界强加给我们的规则让我们感觉痛苦是一件很不讲理的事，但是憎恨谁都没有用。我们能做的，只有找出控制自己的思维和情感的是哪一种"恶法"，并进行应对。

　　到底是哪种"恶法"让你感到如此烦恼？为了让

看不见的敌人现形,我们需要做几个实验。

"恶法"评分

不管要解决什么问题,都必须先建立假说。如果事先不猜个大致的头绪,根本就不知道该从哪里下手。

为此,首先要进行"恶法"评分。

请你先粗略地推测"恶法"的方向,建立暂时性的假说。可以一边阅读前文,一边思考"自己平时的行为或心理更符合哪种模式",再在第144～145页的表格中打分。认为"完全符合"就打100分,认为"完全不符合"就打0分。因为现在的目的仅仅是建立假说,所以主观打分即可。

请在表格右侧的"诱因"一栏填写你心中每种"恶法"模式启动时的情况。可以是"在网上被人批评的时候""不得不当众发言的时候"等曾经让你感受到负面情绪的经历。将所有内容填好,你就能了解困扰自己的思维或情感倾向,并且应该会感觉从沉痛中得到了解脱。

在回忆诱因的时候,有的人会因过去的创伤体验而陷入强烈的不安或愤怒中。所以,如果有交通事故、遭受暴力、离婚、被霸凌等难以忍受的经历，应当在专业医生的指导下进行，并事先按照第3章的"安全岛"与"社会支持练习"部分的说明创建安全空间。

填完"恶法"评分表格，建立假说这一步就完成了。接下来我们会进入信息收集和假说检验的阶段。

"恶法"评分

	"恶法"	分数	诱因
1	放弃	0	无
2	不信任	5	与厉害的人交谈的时候
3	剥夺	20	一直隐隐约约有这种感觉
4	缺陷	30	不得不向某人表达自己的意见的时候
5	孤立	20	人多的酒会等场合
6	无能	0	无
7	脆弱	0	无
8	未分化	0	无
9	失败	25	似乎每天工作时都有这种感觉
10	傲慢	10	被朋友命令的时候
11	放纵	15	家里有点心的时候

12	服从	90	被上级欺负的时候
13	牺牲	85	工作的时候常常感觉由自己做比较好
14	认同	50	对话中犯错的时候
15	悲观	10	旅行的时候
16	压抑	30	负面情绪涌现的时候
17	完美	70	感觉时间不够多
18	惩罚	0	无

"恶法"日记

"恶法"日记是通过记录平日出现的负面情绪，并据此对根植于脑内的"恶法"进行推测的方式。请参照第 152 ~ 153 页的格式进行记录。

第 1 步 诱因

记录负面情绪出现的原因与出现时的情况。

无论是"工资变少""与朋友吵架"这样较为严重的压力事件，还是"在咖啡厅被店员骂了""路过的人用异样的眼光看自己"这样的小事，只要是让你感到不愉快的事情，都可以写下来。

第 2 步 情绪

记录诱因引发的情绪。

情绪的种类不必局限为一种,请将你体会到的所有情绪都列出来,如愤怒、悲伤、难过、不快、焦虑等。

第 3 步 思维与想象

记录诱因出现时脑海中浮现的思维与想象。

请将脑海中浮现的事物自由地记录下来,如"那家伙说得不对""为什么只有我落得这种下场"等想法,或自己生病的样子、朋友对自己生气的场景等。

一开始,你可能并不能很好地把握思维与想象,你会觉得自己当时没有考虑任何事情,只是条件反射地做出了某些行为。这是因为"恶法"已经严重地侵入你的日常生活,让你无法察觉到情绪背后的思维与想象。这时,可以暂且记录身体的反应,并思考"诱因出现后,脑海中是否浮现出特定的思维与想象"。在反复思考的过程中,你将逐渐意识到具体的思维与想象。

第 4 步 身体反应

记录诱因出现时的身体反应。

请你回忆身体的反应，将"后脑勺变得很沉""心跳得更快了""紧张得腹部紧缩"等内容记录下来。

第5步 推断"恶法"

回顾前4步写下的内容，思考"引发这样的情绪、思维和行为的'恶法'是什么"，并记录下来。

不熟练的时候可能想不到明确的"恶法"，所以一开始不确定也没关系，可以选择几条可能符合的"恶法"。随着记录的次数增多，推断"恶法"的准确度也会上升。

第6步 "恶法"的起源

请将此前预想的"恶法"根植在脑海中的原因写在此处。

"原因可能是小时候总要照顾弟弟""或许是因为10岁的时候经常搬家而感到寂寞"……像这样，将能想到的理由记录下来。

此刻我们不需要推导出正确答案，因为这一步的目的是建立假说。只是回顾此前的人生，也能起到训练的作用。

第7步 "恶法"的功能

思考第6步设想的"恶法"对曾经的自己有怎样的帮助，并记录下来。

需要在此重申的是，现在让你感到烦恼的"恶法"曾经是为了保护你而诞生的。

"因为小时候被迫照顾弟弟，所以'牺牲自己是件好事'这种想法可能给了我安慰。""因为亲戚总是争吵不休，所以我可能为了保护自己而决定当一个彻头彻尾的好人。"像这样，请你思考"恶法"在你过去的人生中发挥了怎样的作用。进行这种尝试，你会感觉"'恶法'不过是思维的功能不全"，这样一来，你就能更容易地应对负面情绪。

第8步 现实思维

针对第3步"思维与想象"，请思考"更加现实的思维或想象是怎样的"，并记录在此处。

假如你突然被上司叫去，"昨天出错了，一定会挨骂"这种想法浮现在脑海中。由于紧张，不适感从你的胸口扩散开来，你的身体无法摆脱这种紧张的状态。

可见，这种思维并非基于现实。目前存在于现实中的只有"被上司叫去"和"昨天出错了"这两点，其余的思维都只不过是猜测。这时如果将思维改写成更加现实的版本，就会变成这样：

"虽然昨天出错了是事实，但并不是多严重的事，所以挨骂的可能性大概是60%。就算挨骂了，也不必忍受对方否定人格的话语。"

请你以上述方式改写思维和想象中基于猜测的内容，让它们更符合现实。下面是其他事例。

"交谈时说错话，被朋友讨厌。"→"我并不知道朋友实际上有多反感，至少没有完全被讨厌。"

"我总是被别人阻碍，所以总是吃亏。"→"仔细想来，阻碍我的其实只有父母，朋友一直在帮助我。虽然我的确有吃亏的时候，但是得到帮助的情况也不少。"

在这一步，将"恶法"强行转换成积极向上的内容是一种常见的错误。如果将"对朋友说错话"一事歪曲成"他肯定没往心里去"，或将工作上的重大失误改写成"很快就能恢复正常"，就跟逃避没有任何区别。我们只需要将思维停留在现实中具有合理性的层面即可。如果不能很好地实事求是，请尝试问自己下面几个问题：

如果要反驳这种思维，可以说什么？
是否有证据证明这种思维是正确的？
过去是否有与这种思维不符的现实经历？

另外，如果在第 3 步没有找到明确的思维与想象，可以以第 6 步预想的"恶法"为对象，思考"有没有更加现实的想法可以反驳它""认为'恶法'正确的根据是什么"。反复练习后，你把握思维与想象的能力应该会有所提升。

第 9 步 替代行为

在以上步骤的基础上，请思考"基于现实，更加有效的行为是什么"，并记录在"替代行为"一栏。

例如，当你因为工作失误受到上司的责骂，却只能忍受，可以采取以下行动：

"就失误诚恳地道歉，并提出防止错误再次发生的解决方案。如果对方连我的人格都否定了，我可以直接离开，也可以对对方的失礼行为提出抗议。"

也许有的人会想，这样理想的行为在现实中真的能实现吗？其实，是否能够执行替代行为并非问题的关键。"恶法"在我们的头脑深处悄悄地说："这就是唯一的现实。"而我们需要告诉它还有无数种其他的可能性存在，这才是思考替代行为的真正目的。

以上就是"恶法"日记的记录方法。

记录时机的选择，无论是负面情绪刚刚出现的时候，还是负面情绪出现后的夜晚，都是可以的。如果没有事情可写，记录"一年前某件难忘的不愉快的事"也是有效的。

虽说"恶法"也是法，但我们没有必要听任这些规则将我们引向毁灭。原本"恶法"就是养育我们的环境和个人经历强加给我们的，是一种凭借自身努力无法撼动的存在。被毫无责任的东西牵着鼻子走，是不是太愚蠢了呢？

从今以后，每当负面情绪涌现，或当你的行为让周围的人感到不幸时，请试着思考："我刚才是不是被'恶法'操纵了？""除了遵守'恶法'外，是否还能做出其他的反应？"通过重复的思考，你会循序渐进地了解自己。

"恶法"日记

识别现状	
诱因	被上司叫去，因为工作失误受到批评
情绪	烦躁 50%，愤怒 20%，羞耻 30%
思维与想象	又搞砸了…… 但是这样的失误不至于被骂得这么狠。如果别人犯了同样的错误，也不至于遭到这种程度的批评
身体反应	咬紧后槽牙，腹部因为紧张而变硬
应对的行为	当时不停地说"对不起"，熬过了那段时间。回家后在脑海中幻想自己反驳上司的样子
识别"恶法"	
推断"恶法"	主要是自我牺牲？好像服从也有一点儿
"恶法"的起源	父亲是一个在各方面都蛮横地对别人下命令、要求别人服从的人，或许我需要通过假装开朗来缓和家里的气氛

"恶法"的功能	只要隐藏自己的需求，就不会惹父亲不高兴，家人之间就能维持关系和睦的假象
识别现实	
现实思维	昨天犯错的确是事实，但并没有多严重，所以挨骂的可能性大概有60%。即使我被骂了，也没有必要忍受被否定人格的话语
替代行为	就失误诚恳地道歉，并提出防止错误再次发生的解决方案。如果对方连我的人格都否定了，我可以直接离开，也可以对对方的失礼行为提出抗议

第 5 章

臣服

越抵抗，越痛苦

1

为什么皮拉罕人是世界上最幸福的人

"他们是世界上最幸福的部落。"

语言学家丹尼尔·艾弗列特曾经这样形容皮拉罕人。

皮拉罕族是居住在亚马孙热带雨林的原始部落。时至今日，他们依旧在丛林中狩猎、垂钓，维持着与原始时代相似的生活方式。

科学界注意到他们的存在是在 2008 年。自 1977 年起，艾弗列特在亚马孙热带雨林的腹地进行了长达 30 年的实地考察。他将考察成果编写成书，引起了学界的关注。艾弗列特的发现涉及诸多方面，其中当然不乏对皮拉罕人语言的独特性、原始部落特有的思维方式等有趣话题的讨论。此外，值得一提的是，皮拉罕人的精神非常健康。

不用说，皮拉罕人中肯定没有咨询师或心理学家，他们也没有能服用的精神类药物。尽管如此，自杀、焦虑障碍、抑郁症等精神问题在皮拉罕人中几乎不存在。更使人震惊的是，在皮拉罕人身上甚至很难见到愤怒、沮丧等常见的负面情绪。

艾弗列特说："发达国家的生活比皮拉罕族轻松得多。尽管如此，在日常生活中，我的情绪常常近乎失控，他们却丝毫没有这样的迹象。"

实际上，皮拉罕人的生活充满压力。他们会被有毒的爬行动物或昆虫袭击，会担心染上无法治疗的传染病，还常常会遭到入侵的异族人的暴力对待。在这样的环境中生活的皮拉罕人却拥有在发达国家难得一见的幸福，他们究竟是如何做到的呢？

在探索皮拉罕人的奥秘之前，我们不妨复习一下前面的内容。

在第 4 章中，我们了解到，埋藏在头脑深处的"恶法"是引发人类的不适应行为的诱因。想要从所有的烦恼和痛苦中解脱，我们必须先揭示在头脑深处作祟的"恶法"的本来面目。虽然这个过程会耗费一些时间，但是只要重复进行了解自我的练习，就一定能够接近痛苦的源头。

然而，真正困难的事还在后面。我们对"恶法"已经理出了一些头绪，那么接下来该做什么呢？

　　许多人此时都有这样的愿望：能不能用某些心理技巧消除脑内的规则呢？我们有没有可能用某种精神训练来覆盖"恶法"？

　　一旦发现了"脚镣"的存在，我们当然想马上把它摘掉。希望能够马上摆脱"恶法"的副作用并开启新的人生，这是人之常情。

　　然而，本书刻意避开了这些想法，而是选择了迂回的路径。

　　我们不会与"恶法"正面对抗，而是要像合气道的招式一样，借力打力，化解对手的攻击。这就是我们选择的第三条道路。

　　也许有的人会感觉不合理，觉得发现了"癌细胞"就一定要切除，威胁到人们的正常生活的罪犯就应该逮捕。让我们感到痛苦的"恶法"也理应被去除才对。

　　遗憾的是，同样的想法并不一定适用于我们的精神世界。这是因为我们内心的痛苦具有一种性质——我们越抵抗，它的威力就会越强。

2 痛苦 = 疼痛 × 抵抗

抵抗会引发问题。

早在古代就有这种观点。中国的老子指出："企者不立，跨者不行。自见者不明，自是者不彰，自伐者无功，自矜者不长。"印度瑜伽导师斯里·钱莫说："臣服就是从混乱到和平的旅程。"表达了不抵抗自己情绪的态度。

西方人也有类似的观念。马克·吐温说："没有自己的认可，人就不会感到舒服。"神话学家约瑟夫·坎伯说："我们不得不拥有放弃规划好的人生的意志。"

尽管如此，心理学界直到最近才开始讨论抵抗这个话题。

2014 年，来自不列颠哥伦比亚大学等高校的研究团队进行了一项引人深思的实验。实验以健康的女性为对象，要求她们进行高强度的骑行训练，并建议半数人"尽量接纳不愉快的情绪"。也就是说，不必暗自希望"要是没有这种痛苦就好了"，也不必以"没有想象中痛苦"这种想法来欺骗自己，只需要承认"运动带来的不适感是不可避免的"，并接纳负面的情绪。

结果显示，接纳了不适感的实验对象对痛苦的认知发生了巨大的改变，与试图抵抗运动带来的不适感的另一组实验对象相比，他们的主观不适感下降了55%。同时，她们运动的持续时间也增加了15%——直到累得动不了为止。基于这一结果，研究团队着重强调了接纳不适感的效果。

近年来，许多项研究都指出了抵抗带来的问题。有些实验发现，越倾向于与痛苦对抗的人，越容易心率上升或心律失常。有些实验则发现这样的人承受电击的能力会变弱。抵抗这一因素的重要性正在逐渐被学界所认识。

在日常生活中，能够体现抵抗会带来痛苦的事例也层出不穷。

例如，登山后，几乎所有人都会体验到双腿或背部的疼痛，但是几乎没有人将其视作一种痛苦。因为登山者都会意识到"这种困难是我自己有意选择的"，所以他们不会去抵抗登山带来的疼痛。而假如有人强迫我们登山，"为什么我要遭这种罪……"等否定现状的思维就会在我们的脑海中盘旋。

类似的原理同样适用于接种疫苗的场景。接种疫苗不会让成年人感受到巨大的痛苦，这是因为成年人能够认同接种疫苗的重要性。"只能接受这种疼痛"的意识使大脑的抵抗程度减弱，因此并不会有进一步的痛苦产生。

但是，对不能理解疫苗价值的孩子来说，接种疫苗的疼痛是强加于他们身上的，所以他们当然会表现出抵抗的态度。因此，他们感受到的痛苦就更加强烈。

下面列举的是大多数人会采取的典型抵抗模式。

恼羞成怒：不承认自我形象的崩塌或失败的耻辱，并将否定的情绪转化为对外部事物的愤怒。他们会因遭人批评而表现出过度的攻击性，如对周围的人大吵大闹或嘲笑他人。

自我封闭：与知道自己丢脸的事的人断绝来往、闭门不出的一种抵抗形式。再怎么切断与外界的联系，他们头脑中浮现出的对他人的想象也依然会让他们烦恼，问题一直都得不到解决。

置身事外：扼杀内心的烦躁与不安，对问题视而不见，这种情况也很常见。由于自己出现失误导致演讲失败，他们却会说："大家对问题没有共同的认识。"像局外人一样进行评价，是这一模式的典型反应。

虚张声势：由于太想隐藏内心的负面情绪，他们会对他人夸耀自己过去的成功，或炫耀自己的金钱、权力。这也是抵抗的常见形式。

过度努力：为了抑制"我没有价值"或"我什么都做不到"等感受，他们的努力会超过自身的极限。这一类型的人即使取得了成果，内心也依然会被焦躁与疲劳支配。即使周围的人认为他们是成功者，他们也不能获得充实感。

依赖刺激：为了逃避头脑中的负面思维，他们会对酒精或烟草上瘾、用垃圾食品来分散注意力，或通过剧烈运动来舒缓心情。以某种刺激来掩盖负面情绪也是抵抗的一种。这就导致他们容易酒精成瘾、暴食、厌食，易患心身耗竭综合征。

无论哪种行为模式都不能长久地驱散不幸的阴霾，甚至会让事态进一步恶化。所有的抵抗实际上都是逃避，所以并不能从本质上解决问题。

美国资深正念专家杨真善用这个公式来表现痛苦的作用原理：痛苦 = 疼痛 × 抵抗。

正如第 1 章所述，人生中的"第一支箭"（疼痛）是任何人都无法避免的。如果对现实进行抵抗，"第二支箭"（痛苦）就会出现。

既然如此，可行的解决方案就只有一个：面对现实，我们要积极地臣服。

3

抵抗的人与臣服的人有什么区别

臣服于现实吧。

能够欣然接受这个建议的人应该很少。对疼痛的抵抗本就是生物最自然的反应，如果没有这种反应，生物就不能在危机四伏的原始环境中生存下来。因此，我们可以认为，对现实的臣服是与生物的标准程序相违背的一种不自然的行为。

进一步讲，当今社会充斥着"改变你的人生""随心而活"等口号，它们会抓住每一个机会敦促我们抵抗生活中的不如意。在这样的环境中，想认识到臣服的好处是很困难的。

那么，让我们更加深入地了解臣服的思维方式。

假如你常常感觉到剧烈的头痛，在没有任何预兆的情况下，急性头痛会向你袭来，剧痛会贯穿你的头脑。在这种情况下，抵抗的人和臣服的人有什么不同？

首先，从表面上看，他们之间的差异并不明显。不管是抵抗的人还是臣服的人，都会服用头痛药，或通过拉伸和按摩来缓解症状。

尽管如此，二者的内在反应却截然不同。抵抗的人会产生"必须消除疼痛"或"这种疼痛很容易消除"等想法，因而会对治疗效果过度期待。如果疼痛减轻的程度没有达到让他们满意的程度，他们就会感到强烈的愤怒或沮丧，从而引发更多不必要的压力反应。

臣服的人此时则会想："治疗有时候也会不起作用。"即使疼痛没有像预想的那样得到缓解，他们的内心也不会动摇，更不会责备自己。"现在的疼痛是这种程度"，他们只会像这样静静地注视着现实，内心不会泛起更大的波澜。同时，他们会开始寻找其他对策。他们所做的不是试图逃离痛苦，也不是试图隐藏，只是适当地评估疼痛的程度，并尽自己所能去应对它。

也就是说，所谓的"对疼痛臣服"并不是要我们享受疼痛，也不是要我们感谢疼痛，更不是要求我们主动追求疼痛或一味地接纳疼痛。本书所说的臣服，是指我们要承认自己面对的现实状况并正视它的存在。臣服一词或许会给人留下被动的印象，实际上它可以被认为是最积极的一种选择。

面对以下因素，善于对现实臣服的人会积极地"举起白旗"。

1. 反刍式思考

正如第1章所述，反刍式思考是指不顾你的意愿，反复浮现在脑海中，让你感到烦恼的那些思维。

自己是不是生病了、钱可能不够用、那个人太差劲了……

如果这样的思维不停地盘旋在脑海中，那么它们就是反刍式思考。虽然我们会下意识地进行抵抗，但是企图压制反刍式思考只会让我们自投罗网。想一想臣服的精神，静静地注视自己的思维，这样才不容易痛苦。

2. 身体意象

身体意象指的是"你如何看待自己的外表"。

近年来，多份数据显示负面的身体意象与抑郁症存在关联。一项以 20 ~ 30 岁女性为对象的研究显示，越不能承认自己的外表不够完美的人，应对日常生活中的问题的能力越弱，饮食不规律的倾向也越显著。如果总是对自己的外表有负面的印象，如讨厌自己的长相、对腹部的脂肪感到不满等，那么对人生的满意度也会随之下降。特别是在现代社会，由于网上到处都是帅哥、美女的图片，我们的身体意象很容易变差。因此，对于自己外表的不完美，我们要积极地臣服。

3. 失败的记忆

过去的失败也是我们需要积极臣服的对象。虽然反省自己的失败看似是一件好事，但是从美国东北大学等高校的调查结果来看，越是经常反省过去失误的人，自毁行为就越多，也越容易酗酒或暴饮暴食。这或许是因为失败的记忆会给大脑带来慢性的压力，增强逃避现实的动机。想要解决这个问题，我们只能主动地接受过去的失败无法改变这一事实。

4. 自己的性格

"要是更有自信就好了。""要是自己的性格更加积极向上就好了。"许多人都有类似的想法。积极的性格更容易受人欢迎，内向的人或神经质的人更容易自责。

很遗憾，"江山易改，本性难移"。多项遗传学研究显示，性格大约有一半是由遗传决定的，剩下的一半则很大程度上取决于环境的变化。虽说后天的改变并非不可能，但是比起对抗遗传的力量，还是果断地接纳与生俱来的性格更具有建设性。

5. 自己的情绪

在需要臣服的痛苦中，最重要也最困难的一种就是对负面情绪的把握。愤怒或焦虑等情绪控制大脑的能力很强，一旦陷入其中，就很难再去臣服。在多伦多大学进行的一项实验中，实验对象被要求将压力以日记的形式记录下来。实验结果显示，越是能够放任负面情绪、不去抵抗它的人，抑郁的症状或焦虑的程度就越轻，对人生的满意度也越容易提高。如果能够宣泄汹涌的情绪，就很难引发进一步的痛苦。

4 借助隐喻理解抵抗的原理

下面让我们开始实践臣服吧。想要提升臣服的能力，最轻松的方法就是使用隐喻，也就是通过打比方，更加直观地理解抵抗让痛苦增强的原理。

听到打比方，你可能会觉得太简单了。实际上，隐喻是许多心理咨询师会使用的基本方法之一。许多研究显示，患者理解隐喻之后，臣服的能力立刻就会得到提升。比起理论，我们的大脑更加偏好的是图像。与其用理论来解说精神的工作原理，不如使用隐喻，这样更容易使人接受。

接下来要介绍的是最具代表性的隐喻，它们能够帮助我们理解臣服这个概念。不必试图用头脑去理解，只需要让图像浮现在脑海中，轻松地"观看"即可。

子弹的隐喻

请将"让人难过的情绪或思维"想象成子弹。当我们在工作上遭遇失败、失去心爱的人、对未来感到焦虑，情绪的子弹就会瞬间射向我们的心脏。这时，砌一堵砖墙来防御会怎么样呢？第一颗子弹会破坏砖墙，虽然我们躲避了第一次攻击，但是面对第二颗子弹和第三颗子弹，我们就无法防备。

用铁墙来抵御子弹又如何呢？这种方法也不够有效。虽然能够避免被子弹直接击中，但是为了避开后续的子弹，我们不得不一直躲在铁墙后。这样一来，我们的人生就陷入了永无止境的防御战，生活的喜悦也会离我们而去。

但是，如果子弹射向大海而非墙壁，情况又如何呢？子弹会慢慢失去动能，最终沉到海底，不会造成任何影响。子弹造成的痛苦会被无效化，并且不会产生进一步的痛苦。

沙滩球的隐喻

请你想象自己拿着充满空气的沙滩球进入泳池的场景。正面对抗自己的思维或情绪就像把沙滩球按进水中一样。越是用力，球浮上水面的力量就变得越强。与其做这种没有意义的事情，不如将沙滩球放在一旁，享受海水和阳光。

牧场的隐喻

假设你在牧场里喂养不听话的牛。如果用栅栏把牛关在狭小的空间里，为了自由，它可能会变得狂暴，这样反而会让损失更加严重。真正应该做的是给予牛一片足够大的空间，无论它怎样自由活动都不会出现问题。臣服就类似于给予牛足够的空间。尽管牛自始至终都不听话，但是它不会造成危害。

打扫院子的隐喻

不管把院子打扫得多么干净，一段时间过后，落叶和泥土就会再次把它弄脏。面对这种情形，再怎么觉得"明明不久前才打扫过""要是院子永远是干净的就好了"，院子还是会变脏。你的精神世界也是如此。短期内心情再怎么畅快，如果放任不管，思维和情绪的垃圾也会慢慢堆积。在这种情况下，你能做的就只有不停地打扫院子。即使抱怨院子脏了，现状也不会改变。所以我们只能不停地打扫。

绘制地图的隐喻

假设你是地图的绘制者。绘制地图的人虽然会详细地调查地形和街道，但并不会对调查对象说三道四。没有人会在绘制地图的时候抱怨"这条河再往右边弯一点儿就好了"或"没有这栋楼的话，看起来更简洁"。想要绘制出有用的地图，通过观察获取精确的信息才是最重要的。

然而，很多人都会用绘制心中理想地图的错误方法去对待精神方面的问题。本来我们只需要观察自己接收的信息，最后却想描绘出理想的地形，对现实抱怨连连。

不同的人对以上 5 种隐喻的感受也会有所不同。请你定期回顾自己喜欢的隐喻，仅仅如此，臣服的思维方式也会慢慢地渗透到你的大脑中。

5 以科学家的视角分析抵抗行为

　　理解了臣服的思维方式，就可以学习臣服的肉体感觉。心理学家克里斯汀·内夫开发的"冰块挑战法"可以帮助我们用身体体会抵抗的感觉。

　　请按以下步骤进行实践：

　　①拿起冰块：从冰箱中取出一两块冰块放在手心。握住冰块并坚持3分钟。

　　②注意思维的抵抗：坚持到1分钟左右的时候，"开始有点儿痛"或"做这种事到底有什么意义"等想法就会浮现出来。首先，请你尝试注意这些思维的存在。你是不是越来越想放下冰块了？

　　你可能会认为，如果手感到疼痛，就只能把冰块放下。实际上，我们还有其他的选择。想把冰块放下的想法不过是当下浮现在脑海中的想法，我们当然可以选择忽略它，不做任何动作。请你先静静地观察内心的"思维的抵抗"。

③注意身体的抵抗：接下来，请你将注意力转向握住冰块的疼痛带来的身体感受。手心有多冷？具体来说，手心的哪个位置感觉冷？所谓的冷到底是什么感觉？是麻木的感觉吗？是火辣辣的疼痛？还是针刺一样的疼痛呢？不要仅仅用"疼"或"冷"来简单概括，请仔细观察身体出现的反应。

④注意情绪的抵抗：继续握住冰块，这次请你关注情绪的变化。请尝试确认恐惧、烦躁、焦虑等负面情绪是否出现了。就像之前的步骤一样，请你仅仅将负面情绪看作一种内心活动，并对它们进行观察。

⑤将冰块放下：做完上述步骤，如果过了2分钟，就把冰块放下。最后，请确认自己在练习中注意到的事情。握住冰块时，你是否注意到浮现在脑海中的抵抗的感觉？你当时想如何应对这种抵抗？忽略抵抗的想法并坚持握住冰块是一种可能的选择吗？请你思考这些问题。

冰块挑战的重点是观察自己的大脑对冰块带来的疼痛产生的反应。反应的模式因人而异。有的人会感受到强烈的不安，有的人会感受到莫名的愤怒，有的人会试图告诉自己"没什么大不了"，而有的人会疑惑"做这种事有意义吗"。由此可见，抵抗的种类多种多样。

在这一过程中最重要的就是用科学家一样的态度观察自己内心出现的抵抗反应。优秀的科学家不会进行"这种电阻是好还是坏"这样的主观判断，他们只会冷静地观察电流的状态，并找出电阻率上升的原因。

请你将自己想象成一名科学家，观察自己的内心出现了怎样的抵抗。一旦把握住这种感觉，你就可以在面对失败、离别、生病、焦虑、自我批判等人生痛苦时，对自己的内心活动进行观察。

6 用表格练习提高臣服的能力

接下来要介绍的是平时会用到的训练方法。这些方法都是 ACT（接受与实现疗法）、DBT（辩证行为疗法）等心理疗法中会用到的。经过改编，它们可以用于培养臣服的能力。请一边回顾臣服的思维方式，一边学习以下方法。

第1步　建好结界

在学习臣服的过程中，我们难免要面对不愉快的感受和内心的痛苦。因此，在练习前，请先从第3章选出自己喜欢的方法，建好心理结界。如果难以在各种方法间进行抉择，不妨先尝试前面提到的"安全岛"练习。

第2步　臣服练习表

接下来，请使用 181 ~ 183 页的"臣服练习表"

来完成练习。请按照以下要求填写每一项。

对问题的把握

首先，请将现在困扰你的问题或曾经让你感觉痛苦的事情填在"对问题的把握"这一栏。可以是"应聘工作时没有被录用"这样重大的事件，也可以是"买东西的时候被插队了"这样的小事。请自由地回忆让你感受到负面情绪的事件。

如果想不起什么痛苦的经历，可能是因为你的精神已经对痛苦麻木了。这时候不妨先尝试前一章的"'恶法'日记"练习，看看让自己感受到压力的情景有没有什么特定的模式。另外，如果有能力，可以预想问题背后的"恶法"种类，并填写在表格里。

找出抵抗行为

请你在"找出抵抗行为"一栏填写自己感觉痛苦时采取的行动或应对方法。可以参考"抵抗的典型模式"，并思考自己面对痛苦时有怎样的反应。除了"喝酒"或"对朋友发牢骚"这样具体的行为，也不要忘记将"只是压抑自己的情感"这样的内心活动记录下来。

抵抗的结果

在这一栏填写你进行上述抵抗行为的结果，例如"喝完酒，直接睡觉了""压抑自己的情绪，一直感觉很烦躁"。请你将抵抗对内部与外部的影响写在此处。

抵抗的好处

请你思考自己的抵抗反应有什么优势，并将你能想到的内容全部写下来，例如"饮酒会让焦虑减轻""只要压抑自己，就可以避免情绪爆发"。

抵抗的坏处

请你思考自己的抵抗反应有什么劣势，并将你能想到的内容全部写下来。例如"饮酒会让睡眠变浅""缓解焦虑的效果不能持续"。

辨别力所能及与力所不及

接下来，我们需要区分力所能及与力所不及。力所不及是指自己的力量无法控制的事，而力所能及指的是自己的力量可以掌控的事。

例如，当我们对压力做出反应，产生焦虑或恐惧的情绪，这就属于力所不及的范畴。正如第 1 章所述，负面情绪是人类的默认设置，当外界存在威胁，它们就会启动，这是我们无法阻止的。

然而，是陷入负面情绪加重自己的痛苦，还是接纳焦虑与恐惧，做我们该做的事，这取决于我们自己。也就是说，决定自己的行为是否受情绪与思维的支配属于力所能及的范畴。即使我们对力所不及的现象拔刀相向也不会有任何收获，所以我们只需要将精力放在力所能及的事情上，这个道理是不言自明的。

请你一边回忆困扰自己的问题，一边思考"可以控制的因素有哪些""不能控制的因素有哪些"，并将想到的内容写在"辨别力所能及与力所不及"这一栏。这就是我们客观看待现实的第一步。

对力所不及之事的观察

明确了自己能控制的范围，我们就可以开始对力所不及之事进行观察。请你思考以下几个方面：

这种烦恼是否容易出现在特定的情况下，是否具有特定的模式？

这种烦恼会让自己的内心产生怎样的思维、想象和情绪？这些思维、想象和情绪会随时间发生怎样的变化?

抵抗的反应是否总是相同的? 它是否会根据问题或苦恼的种类发生变化?

思考完毕, 请将结果总结成 3 ~ 4 行文字, 填写在表中。经过这个步骤, 大脑的反应会慢慢地发生改变。

对力所能及之事的应对

请在此栏填写对解决力所能及之事有帮助的对策。你需要注意的只有自己能够控制的对象, 请思考什么行为可以用来替代原先的抵抗行为, 并把想到的内容全都写下来——看起来多么微不足道都没关系。如果想不到合适的对策, 可以从第 3 章与结界相关的方法中选择自己喜欢的——在那些方法中, "着陆" 抑制抵抗行为的能力较强, 因此较为推荐。

臣服的行为

请在前面填写的对策中选择一种自己想尝试的, 并在那一栏填写自己想在何时以何种方式进行实践。请尽可能地思考具体的行动计划, 例如 "如果觉得工作是没用的，就去跟猫玩""焦虑和烦躁的情绪出现时，就做 10 次深呼吸，等待情绪平静下来"。

臣服练习可以在不愉快的事情发生后进行，也可以用自己在"'恶法'日记"中写下的问题作为材料进行练习。无论如何，练习中最重要的事情就是认清下意识启动的抵抗模式，并集中精力思考是否有更加现实的应对方法能够代替它们。

在重复这一练习的过程中，你将获得快速分辨力所能及与力所不及的能力，以及不进行无用抵抗的人生态度。最终，不管遇到怎样的烦恼，你都能以切合实际的方式来应对。

臣服练习表示例

抵抗确认区	
对问题的把握	不喜欢自己的工作，常常想："我是不是在浪费时间？"感到焦虑、烦躁
找出抵抗行为	如果感到焦虑，下班后就会喝酒。通过拼命工作来忘记焦虑

抵抗的结果	饮酒后焦虑减轻，之后顺势入睡。第二天会浮现同样的想法
抵抗的好处	·可以缓解焦虑 ·可以完成很多工作
抵抗的坏处	·焦虑不会完全消失 ·酗酒会让睡眠变浅 ·虽然完成了工作，但是由于心情烦躁，导致错误百出 ·缓解焦虑的效果不能持续，很快就会恢复原状
对"恶法"的推测	也许是因为无能的"恶法"，我才会害怕浪费时间
臣服实践区	
臣服的对象	"我是不是在浪费时间"等想法
辨别力所能及与力所不及	力所不及： ·"我是不是在浪费时间"等想法 ·因这种想法而产生的焦虑与烦躁 ·"不喜欢工作"等感觉 ·想喝酒的感觉 力所能及： ·不被"我是不是在浪费时间"这种想法裹挟 ·思考"不喜欢工作"的原因并制订对策 ·寻找除了饮酒外的有效方法

对抵抗的观察	工作没有进展、结算经费、客户的反应很难懂的时候，"我是不是在浪费时间"这种想法很容易出现。 这时候，80% 焦虑、20% 烦躁的情绪马上就会出现。 我会失去干劲儿，开始一直玩手机游戏。 回家后，喝酒、上网的频率变高
对力所能及之事的应对	不管看起来多么没有意义，也请尽量多地写下对解决问题有帮助的想法
臣服的行为	进行决断并付诸行动。描述你打算做的事情。 描述你的决断

7

"单纯的人民"与"多虑的脑袋"

接下来，我们终于可以回到皮拉罕人的话题上。

他们能够享受世上无可比拟的幸福。在对这一现象的原因进行阐释时，艾弗列特强调了"经历的即时性"。它指的是一种不关注脱离自身经验的事实的精神状态，简单来说，就是接纳事物的本来面目的态度。

这一观点的证据之一是，皮拉罕人倾向于仅仅谈论实际上有所见闻的事物。

抓到鱼了，去划船了，跟孩子一起笑了，朋友得疟疾死了……

他们谈论的话题全都基于现实，几乎没有虚构的内容。"要是更有钱就好了"或"那时候要是换一种做法就好了"这样的话题是不会出现的。

换言之，皮拉罕人的对话中不存在过去与未来。正因如此，他们不会为了明天的事而忧心忡忡，也不会为过去的失败感到懊恼，他们只是单纯地享受着当下。

因此，他们没有特定的宗教，没有精灵或祖先的灵魂这样的概念，也没有解释自身来历的创世神话。令人震惊的是，就连皮拉罕语的语法体系都几乎没有过去和未来的概念。虽然现在世界上依然存在原始部落，但是像皮拉罕族这样的情况非常罕见。

当然，皮拉罕人也拥有回顾过去和展望未来的脑功能。过去狩猎的失败经历带来的教训可以被运用在未来的工作中，这对他们来说也是一件稀松平常的事。在这一点上，他们用脑的方式与我们并没有什么区别。

然而，皮拉罕人与我们的不同之处在于，他们的文化并不倾向于探讨没有充足依据的事情。例如，即使"打猎的时候被猛兽袭击怎么办"或"没有找到猎物是不是就会挨饿"这样的念头在他们的脑海中浮现，他们也不会就此进一步展开思考，因此不至于让焦虑徘徊不散。进一步讲，就算在打猎的过程中受伤，他们也不会抱怨"为什么会落得这种下场"或担心"我会不会因疼痛而死"。

受伤的时候，他们所做的只是接受"我现在因受伤而感受到疼痛"这个事实，并尽可能地接受治疗。不管再怎么咒骂自己的命运，问题都不会解决，所以他们果断地臣服于现实中的痛苦，做自己该做的事。

因此，皮拉罕人称自己为"单纯的人民"，称外来的人为"多虑的脑袋"。对从不编造不必要情节的他们来说，这种称呼的确符合现实。

8

现在就干脆地投降吧

臣服于痛苦的过程伴随着极大的困难。痛苦是人类的默认设置，尝试克服痛苦就相当于反抗 600 万年来的进化历程。因此，我们必然会有输给抵抗的时候。

话虽如此，向困难发起挑战并非没有意义。

糖尿病、腰痛等现代病，不稳定的工作岗位，对经济的焦虑，"丧偶"式育儿，"家里蹲"，老人照顾老人……

现代人的生活中充满了我们的祖先未曾体验过的烦恼和痛苦，而面对这些，我们从进化中获得的生存功能几乎不能应付。与电脑不同，人类不能更新系统，因此我们只得用现有的系统勉强度日。

在日本明治维新时期的箱馆战争中，在五棱郭即将被攻陷之际，某位军事家对主张顽强抵抗新政府军的同伴说：

　　如果想死，随时都可以死。现在就干脆地投降吧！

我们随时都可以对抗人生中的痛苦。然而，当我们有余力痛快地投降，就能踏出迈向"单纯的人民"的一步。

第 6 章

无我

生命的最佳状态

1

开启无我状态的练习

至此，我们已经为克服自我的问题打好了基础。

在第 1 章中，我们了解了自我引发痛苦的机制；在第 2 章中，我们理解了自我由"故事"构成这一事实；在第 3 章中，我们建立了消除自我时给予身心安全感的基础；在第 4 章中，我们找出了埋藏在头脑中的"故事"；在第 5 章中，我们培养了承认现实、接纳痛苦的能力。

从本章开始，我们终于可以进行进入无我状态的练习。在"恶法"和"臣服"章节中出现的方法属于应对"故事"的恶劣影响的方法，而接下来我们要学习的是让"故事"本身不再出现的用脑方法。进入这一阶段，你能够将那些困扰你的"故事"彻底摆脱，你将真正意义上瓦解自我的存在。

不过，在尝试具体的方法前，我们需要先对自我抗争时会遇到的困难有所了解。

首先，在第1章中，我们确认了自我仅仅是生存的工具，且"自我"这一概念平时就在开启和关闭的状态间不断切换这一事实。在这一层面上，无我的境界绝对不是一件纸上谈兵的事。

话虽如此，正如第2章所述，"我就是我"这种感觉对个体的生存来说不可或缺，因此人类的大脑会不间断地产生"自我是统率一切情绪与思维的一种上位的存在"这种感觉。这样一来，我们就会过度重视自我，对放弃自我的尝试感到强烈的恐惧与不安。

进一步讲，大脑仅在1秒内就能创作出"故事"，因此我们无法有意识地阻止"故事"产生。不仅如此，我们还有一种将虚构的情节看作绝对现实的倾向，因此我们根本就不能察觉到自己正处于"故事"的影响下。

总之，我们在本章需要解决以下问题：

①人类不能精确地感知"故事"的自动生成。

②人类不能意识到自己的行为受"故事"的支配。

以上问题看起来似乎毫无解决办法，但是好在现代神经科学和心理治疗研究有所进展。经过临床测试，一些方法取得了良好的效果,例如"停止"和"观察"。

2 禅问答为什么这么难

"停止"是指将大脑的资源用在其他事情上，从而让创作"故事"的功能停止工作。实现停止的方法有很多，为了理解停止的思维方式，先请你思考一个问题：禅问答为什么这么难？

中国南宋时代的禅书《无门关》中记载着这样一则故事。

很久以前，中国有位有名的和尚，名叫俱胝。不管人们询问俱胝什么事，他都只是竖起一根食指来回应。据说，他除此之外不会做任何事，也不会说一句话。

一天，有人来到俱胝所在的寺院，向一个修

行中的小和尚问话。

"这里的和尚说的是什么法？"

小和尚学着俱胝的样子竖起食指，什么也没回答。

后来，俱胝听说了这件事，就把小和尚叫来，并做了一件惊人的事。他缓缓地掏出一把刀，切掉了小和尚的食指。小和尚又痛又怕，跑出门去，俱胝却把他叫回来，对他竖起了一根手指。

那一刻，小和尚全都明白了。

真是一个莫名其妙的故事。

为什么小和尚被切掉了手指？他最终又明白了什么？禅问答简直就是"不知所云的对话"的代名词，从头到尾充满了谜团。

在禅问答中还有很多类似的故事。例如，洞山和尚用"三斤麻"来回答"佛是什么"这个问题，云门和尚用"干掉的粪块"来回答"佛的正身是什么"这个问题。这些问答全都让人难以捉摸。从前的高僧到底为什么这样重视这些不知所云的话语呢？

许多学者都对这个问题很感兴趣，世界各国都有人对此进行研究。虽说时至今日仍然没有得出可以被广泛认可的结论，但是德国社会学家皮特·福克斯和尼古拉斯·卢曼的学说得到了多数人的支持：

"禅问答在于让头脑在悖论的框架中感到困惑，在字面意义上让大脑百思不得其解，直到想出解答的关键为止。（禅问答的作用在于）拒绝解释所有恣意的信息，并消除自我的存在。"

禅问答并非有正确答案的谜题，出题人本就有意让问题没有唯一的答案。也就是说，禅问答的目的在于故意让人思索不知所云的奇闻轶事，从而麻痹思维，让自我消失。

例如，看到"我现在读的句子绝对是错误的"这种自我指涉悖论时，许多人都会感受到类似焦急、烦躁的情绪。

"如果这个句子是正确的，那么这个句子就错了，这样一来这个句子就是对的，但这样的话这个句子就错了……"

在悖论的影响下，相互矛盾的思维会充斥我们的大脑。为了让意识摆脱没有答案的问题的纠缠，大脑就会激活负面情绪。

但是，如果这时候继续坚持苦苦思索，一定有一部分人会出现一种奇特的、舒爽的感觉。因为面对无法解开的谜题，大脑的运转回路会停止工作，使我们从充斥大脑的各种思维中得到解脱。

3

如果停止思考，"自我中心"也会停止工作

因为很难检查实践禅问答过程中的大脑，所以我们并不知道福克斯和卢曼的观点在多大程度上是正确的。但是，已经有多项实验证明，在集中注意力进行某些活动的时候，大脑创作"故事"的功能就会停止。

在让大脑停止思考的代表性方法中，最有名的是吟诵。吟诵的形式多种多样，有不断重复简短句子的模式，也有哼唱结构复杂的乐曲的模式。

2000 年代后期，吟诵与停止的关系开始为人知晓。在魏茨曼科学研究所的一项研究中，当健康的实验对象不断重复"one"这个单词，与安静状态相比，他们大脑的预设模式网络活动量下降，与自我有关的"故事"数量也存在显著减少的倾向。香港大学研究

197

团队的实验也得出了相似的结果。实验对象持续吟诵15分钟后，后扣带皮层发生了变化：放松反应增强，预设模式网络活动减弱。

预设模式网络是个体无事可做时开始活动的神经回路，它涉及包括腹内侧前额叶皮质和前扣带皮层在内的多个脑区。当我们发呆或做白日梦时、在洗澡过程中进行漫无边际的想象时，大脑会在不进行有意识活动的状态下开始工作，而预设模式网络会在这时统合多种多样的情报，并产生新的想法。很多人会在洗澡的时候想到一些好主意，预设模式网络就起到了很大的作用。

在这一方面，预设模式网络确实非常重要，但是近年来我们逐渐认识到，它也是痛苦出现的原因。这是因为，预设模式网络也是处理与自身相关的信息的神经回路。

思考将来的事、回首过去、与某人交流……

在这些时候，预设模式网络会变得非常活跃，进而产生"我是不是被那个人讨厌了""那次失败太糟糕了"这类与自己有关的负面思维，部分专家将这一回路称为"自我中心"。实际上，2020年的一项元分析总结了14项fMRI（功能性磁共振成像）研究成果，得出"抑郁症患者的预设模式网络活动量较大"这个结论。由此看来，这一神经回路的确对精神状态的恶化有一定的影响。

另外，就像吟诵一样，音乐也具有同样的作用。重复相同的音阶或歌词与吟诵有相似的效果，可以消除预设模式网络带来的自我感觉。

心理学家伊丽莎白·赫尔穆特·马古利斯对音乐的魅力进行了如下诠释："通过重复特定的副歌，单词和短语会因饱和而失去意义，这让你能够以一种新的感觉听歌。此时语言会变成一种感觉层面上的事物，你更能用直觉来感受乐曲。"

不难想象，在听音乐的时候，如果思考"这句歌词是什么意思"或"现在的和弦是否受了爵士乐的影响"这类问题，我们就不能好好地享受音乐。反之，如果任由自己沉浸在歌词或短句的重复中，思维就会被麻痹，我们就能全身心地享受这首乐曲。

很多人都有这样的经历：听到圣歌的声音时，心情会变得平静；听到抑扬顿挫的经文或祝词，会产生庄严的感觉。在这些时刻，你脑内的预设模式网络会安静下来,本应自动运作的创作"故事"的功能会停止。正如前文所述，我们不能精准地阻止"故事"自动生成。既然如此，就只能停止与自我相关的全部功能。这就是本章着重介绍"停止"的原因。

4 观察的能力具有抗抑郁效果

顾名思义，观察的方法要求我们仔细观看浮现在脑海中的故事。过去在人前失败的情景、谎言被拆穿的羞耻感、关于"钱用完了怎么办"的想法……对于所有这些负面的故事，基本原则就是像科学家一样持续地观察它们。

这听上去似乎很困难，但其实每个人都能很快找到观察的感觉。请你尝试拿起这本书，放松地坐下，朗读下面的词语：

苹果　　生日　　海岸　　自行车　　玫瑰　　猫

朗读这些词语的时候，你的内心发生了怎样的变化？苹果和猫的图像可能会直接浮现在你的脑海中，你也有可能想起生日时的片段。当然，也有可能没有发生任何变化，这都没关系。

这个小实验意在让你意识到，面对极其普通的词语时，你的内心会有怎样的反应。请尝试反复朗读这些词语，观察自己的脑海中是否有图像和思维浮现出来。这种感觉就是观察。

可能有很多人会怀疑这个练习是否有意义。然而，从很久以前开始，观察就是世界各地的人使用的一种训练精神的方法。像禅宗中的坐禅、古印度的瑜伽等，都运用了观察原理。

近年来，有关观察的科学研究也有所进展。来自约翰斯·霍普金斯大学等高校的学者组成的团队进行了一项关于坐禅或冥想的元分析研究。他们对 3515 名实验对象的实验数据进行研究，结果显示：对自己的思维或情绪进行持续 8 周的观察训练，会对焦虑与抑郁症状产生 0.3 的效果量，对疼痛产生 0.33 的效果量。效果量的数值代表观察带来的益处，0.3 这个数值与通常的药物治疗的效果在同一水平。既然无须借助药物就能达到同样的效果，这种方法想必是值得一试的。

与此同时，近年来，越来越多的研究表明，观察训练会让大脑的结构发生改变。罗马大学等高校的研究者的元分析整合了53项脑功能成像研究成果，得出以下结论："观察训练似乎会引起大脑的功能性及结构的变化。变化尤为显著的有包含自我认知及自我控制的自我指涉过程相关区域，以及注意、执行功能、记忆形成相关区域。"

看来，观察训练似乎能在大脑与"自我"相关的区域引起某种变化，并最终可能让精神状态得到改善，或增强注意力和记忆力。虽然这还是一个比较新兴的研究领域，许多结论还需要后续研究的验证，但是已经有多组数据证明了观察带来的益处，这一点是毋庸置疑的。

5

让痛苦加深的人,会将一切都看作"自己的事"

让我们来了解一下观察让自我发生变化的原理。

通常来说,容易让痛苦加深的人,脑内的岛叶和杏仁核这两个区域与前面介绍的自我中心紧密地联系在一起。岛叶负责监视身体的感觉信息,而杏仁核负责引起焦虑、恐惧等情绪。

如果这两个区域与自我中心联系起来,负面反应就更容易出现。每当身体出现某种异常,或者内心涌现恐惧或焦虑的情绪,自我中心就会调动自我的功能,进而产生"我是不是有什么问题"等负面的"故事"。

轻微的头痛或眩晕、头脑中不经意间闪现的焦虑、同事们的争吵……如果每次出现这样的小问题,就认为是自己的问题,我们的心力当然会被消耗殆尽。简言之，会让痛苦加深的人的大脑，会将世界上所有微小的变化都看作"自己的事"。

而在观察训练中，我们需要暂时把身体的不适或内心的焦虑放在一旁，再静静地注视它们。我们不能一味地将外界的变化当作自己的事，而是要将它们当作脑内出现的一种现象，并持续地进行观察。

这样一来，你身上会出现重大的变化。岛叶和杏仁核与自我中心之间的神经联结的强度会减弱，你会不再盲目地将身心的变化视为自我的问题，这个过程就像不常用的肌肉会逐渐萎缩一样。

观察的状态就像乘客在不熟悉的车站观看列车运行一样。你可以将心灵想象成车站的站台，将浮现在脑内的思维与情绪想象成列车。如果不上车，只是在站台上观望行驶的列车，就不用担心自己会到达陌生的地方。

正如第 1 章所述，只有大脑对外界的威胁产生过度的反应时，自我才会让我们烦恼。而持续进行观察的人的大脑不容易对威胁产生反应，因此他们向自己射出"第二支箭"的次数也会减少。也就是说，随着观察训练的进行，我们将逐渐认识到，大脑创作的"故事"并不是现实。

通过"停止"，我们可以让"故事"的强度降到最低；通过"观察"，我们可以将故事从现实中剥离。这二者就是达成无我境界的最终手段。

既然如此，事情就好办了：我们只需要像修行者一样在远离人间烟火的地方进行冥想，最终应当就能从自我中解放出来……虽然很想就此作结，但是事情并没有这么简单。实际上，根据近年的研究，无论积累了多少观察训练的经验，有的人就是无法受益，甚至出现副作用，且这样的情况日渐增多。具体情况如下：

动力减少

在华盛顿大学的一项实验中，与只是休息了一段时间的实验对象相比，冥想了 15 分钟的实验对象参与活动的动机下降了约 10%。这可能是因为冥想让自我的感觉变得淡薄，达成目标的动力就随之减少了。

负面情绪增加

根据神经科学家威洛比·布里顿的一项综合研究，在定期进行冥想的人中，大约有四分之一的人身上出现了惊恐发作、患抑郁症、产生解离感等副作用。这似乎是因为冥想使注意力更加集中，导致他们对自己的情绪变得过度敏感。

以自我为中心的思维增强

在以 366 人为实验对象的研究中，部分进行了冥想训练的实验对象参加慈善团体志愿活动的意愿大幅下降。在另一项实验中，162 人被要求进行为期 4 周的冥想训练。坚持训练的一组实验对象的自恋水平上升，他们的自我意识不但没有消失，反而增强了。出现这种情况同样有可能是因为冥想让注意力更加集中，导致意识更容易转向自我。

这些副作用自古以来就在精神训练的领域不断被提及。在禅宗领域，坐禅的过程中出现的自我膨胀状态被称作"魔境"，精神出现异常的现象则被称作"禅病"。这些概念都意在引起修行者的注意。

禅宗大家白隐禅师曾这样讲述自己患"禅病"的经历："我的腰腿总是像冰一样冷，就如同泡在装满雪的浴池里一样。耳鸣不止，就像在湍急的河流旁行走一样。不管醒着还是睡着，总是能看到不可思议的幻影。"

　　如果只看症状，这种情况似乎很接近神经症或精神分裂症。在现代，出现同样症状的例子也有很多，因此我们有必要在一定程度上注意精神训练的负面影响。

6
影响停止与观察效果的 5 大因素

　　我并不想一味地煽动恐惧的情绪。需要强调的是，停止与观察的效果存在较大的个体差异。从布里顿的综合研究中可以看出，即使实验对象进行相同的训练，不同的人的结果也是不同的，这样的事例比比皆是。有的人通过冥想提升了注意力和幸福感，而有些人却感觉到更强烈的虚无感或身体上的疼痛。

　　体力不佳的人突然挑战跑马拉松只会损伤身体，没有算数基础的人学习高中数学只是白费时间。精神训练也是同样的道理，如果没有选择适合自己的方法，不仅会事倍功半，甚至容易强化自我的存在。停止和观察的方法有很多种，如果某种训练方式让你感到不快，就应该选择其他的方法。

关于这个问题，牛津大学正念中心和伦敦大学进行了一番调查，并提出了几个需要注意的要点。

想要确保停止和观察的效果和安全性，请注意以下5点。

1. 渐进性

渐进性是指我们应当缓慢地加强训练强度。和健身一样，在精神训练中，适当的强度也是必不可少的。突然让初学者每天坐禅1小时并不现实，所以在最初的阶段，使用强度较低的方法才更加有效。具体的训练示例如下。

作务

对观察进行实践的最简单的方法，就是将其融入日常生活中。只要是平日会做的事，选择什么都可以，如用餐、洗碗、打扫卫生等。将注意力集中于眼前发生的事就是一种观察。

将日常生活中的一切活动都视作训练的机会，曹洞宗的鼻祖道元将这种思维方式称作"作务"，认为它比坐禅和诵经更加重要。的确，与坐禅相比，我们更容易投身于做饭、打扫卫生这类平凡的事务。正因为这些活动很普通,"我现在正在进行精神训练"这类自我膨胀的想法才更不容易出现。

只不过,在还没有习惯作务的时候,我们可能不知道要感受日常生活的哪一部分。因此,我们需要决定"利用哪件杂事来进行冥想"和"将注意力集中在哪种感觉上"。例如,我们可以事先决定"在洗手的时候集中注意力感受水流过皮肤的感觉"。洗手的时候,如果开始思考其他事情,就平静地回到对水的感觉上来,并重复这个过程。

刚开始的练习时间可以以一天3分钟为基准。这是因为在一项研究中,研究者要求51名学生在做家务时尽量将注意力集中在自己做的事情上。结果显示,即使只有3~5分钟,白天的紧张感和焦虑也有所减少。如果能够坚持进行每次3~5分钟的作务练习,就可以尝试其他的方法。

以下是一些作务示例:

喝茶时持续注意舌头感受到的味道。

洗餐具的时候持续注意自己的呼吸。

洗餐具的时候持续感受肥皂的香气或泡沫的触感。

洗餐具的时候持续观察冲洗的动作。

持续感受擦地时不断重复的动作。

持续关注打扫地板的不同地方时的体验。

叠衣服的时候将注意力集中于布料的质感上。

持续感受衣服从烘干机中取出时的温度。

止想

培养停止能力最轻松的训练方法是止想。这是一种将注意力集中于脑内的图像或呼吸等特定对象的冥想方式，在神经科学领域，关于它的研究属于"集中性注意"的范畴。请按照以下步骤进行止想练习。

①决定要注意的对象。呼吸、周围的声音、蜡烛的光等都可以作为止想的对象，但是呼吸最方便。如果选择呼吸，就请尽量具体地定义要注意的对象，如"注意气息通过鼻腔的感觉""注意腹部的鼓起和凹陷"。

②采用舒服的姿势。可以坐在椅子上，也可以盘腿坐在地板上。这方面并没有特定的要求，选择放松的姿势即可。

③放松肩膀的力量，一边进行腹式呼吸，一边将注意力转移至选择好的目标。不要去想"我的呼吸是否正确""我有没有好好冥想"等问题，请以体验冥想对象的方式集中注意力。如果注意的是呼吸，就不要进行任何判断，只是注意空气通过鼻腔的感受就可以。

④止想开始后的 20 秒左右，你的大脑中一定会浮现出某种思维。只要我们安静地坐着，预设模式网络就会启动，它会催促大脑回想当天的压力事件、担心未来的事情，或制作购物清单。

即使你的注意力因此分散了，也不必担心。不要责备自己"又搞错了"，只需要不断地让注意力重新回到选定的目标上。

多项调查表明，如上所述进行实践，即使时间很短，注意力也有可能得到提升。因此，一开始可以练习 5 分钟左右，如果每次练习时注意力分散的次数在 10 次以下，就可以逐次增加 2 ~ 3 分钟的练习时间。

2. 脆弱性

脆弱性是指每个人各自具有的弱点，例如有精神病史、受"恶法"的强烈影响、不健康的生活方式损伤了身体。这样的人身上更容易出现停止和观察的副作用。这是因为训练提升了他们的注意力，导致过去不愉快的体验和负面情绪的强度提高了。

为了应对这个问题，在开始训练前，通过"安全岛"或"着陆"等方法让心绪平静下来是最重要的前提。如果做好了准备，却还是在训练后感觉负面情绪增强了，就请同时采用以下训练方法。

软酥

这是日本江户时代的禅僧白隐在克服"禅病"时使用的训练方法。虽然关于软酥的效果并没有确切的实验数据，但是其本质与心理治疗中的想象疗法和"身体扫描"法很接近，因此可以推测它也具有一定的效果。具体方法如下。

①放松地坐着，想象自己头上放了一块拳头大小的软酥——就是用牛奶熬制的一种古代黄油，色香味俱全，是一种备受喜爱的食材。

②想象软酥一点儿一点儿地融化并流淌下来，从头上滴落的样子。想象软酥具有缓解身体疲劳和疼痛的功效。

③想象软酥流过头部、肩膀、胸部、腹部，最终流到脚底的场景。想象融化的软酥渗透全身的感觉，观察自己的身体与情绪发生的变化，并结束练习。

如果难以想象软酥的样子，可以想象自己喜欢的芳香精油。不妨想象薰衣草精油、天竺葵精油等让你感觉舒适的精油从头上流下的情景。这个训练具有提升身体意识的作用，也可以将其作为内感受训练的一种方法。

3. 接受性

接受性这个概念几乎与第 5 章所说的"臣服"意思相同。一言以蔽之，其重点在于"切莫为了抵抗而冥想"。

为了逃避不愉快的情绪而冥想、为了让心情变好而冥想、为了摆脱从前的记忆而冥想……

这样的心态都属于对现实的抵抗，如果以这种状态训练，即使训练得再多，也只会让痛苦增加。多项研究显示，如果在通常的精神训练中加入"接受性"元素，压力会减少，精神状态也更容易改善。如果你对这一点有所了解，可以先进行数周臣服训练，再采用以下方法。

语想

这是由夏威夷大学的里昂·詹姆斯提出的一种改变意识的方法。操作方法非常简单，只要出声重复任意词语或注视写满同一个词语的纸张。例如，如果选择"单词"这个词，就可以反复念这个词语，也可以注视写满了这个词语的纸。

需要的时间因人而异，通常情况下，5～10分钟后，"单词"这个词的意义就会消失，听起来就像是外语。如果注视纸上的文字，"单词"就会慢慢地变成单纯的文字结合体，最终你会觉得它们只是纸上的某种相互联系的无意义线条。这种现象被称作"语义饱和"，它的出现是因为大脑对反复呈现的相同信息感到厌倦，最终判断它们是"没有必要逐个处理的信息"。

语想的目的是通过重复特定的词语让思维暂停。一开始可能无法维持注意力，但是在反复练习的过程中，大脑就会逐渐理解创作"故事"的功能停止运行的感觉。虽说选择什么词语都可以，但是如果使用"死亡"或"喜悦"这种引起强烈情绪的词汇，意识需要很长时间才能发生改变，因此请避开它们。请尽量选择中性的、刺激性不强的词语。

观想

观想又称"开放式觉察法"，这种精神训练的方法是近十年来许多研究的关注对象。根据京都大学的一项调查，平均进行920小时观想的人的自我中心功能下降，不容易产生关于自我的"故事"。在马克斯·普朗克研究所等机构的学者进行的另一项研究中，精神训练的初学者在持续3个月每天进行30分钟的训练后，过半的人变得不容易对未来感到焦虑或对过去感到后悔，他们的客观性水平有所增加。

通常，观想会按照以下步骤进行：

①放松地坐着，不刻意注意任何对象，放任意识游走。如果关注身体的感觉，就只要观察"刚才注意了腰部的疼痛"这件事本身；如果在意房间外面的声音，就只需要观察"刚才注意到外面的声音"这一事实。如果感觉"这种训练真的有意义吗"，就以同样的方式观察"刚才有'这种训练真的有意义吗'这种想法"这件事。在还没有习惯的时候，大声说出"刚才注意力切换了"进行确认，会更容易。

②持续这个过程，直至达到事先决定的时长。这一过程中最重要的一点就是任由脑内的"故事"出现。请注意不要对观想期间浮现在脑海中的内容进行"喜欢或讨厌""好或坏""正确或错误""有趣或无聊"等判断。如果有诸如"这种疼痛让人厌恶"的想法，不要责怪自己，只需要用"刚才我的脑海中浮现出'这种疼痛让人厌恶'的想法"这一思维进行更正，并再次切换回观察模式就好。

如你所见，观想的方法非常简单，实现的难度却很大。你的大脑会接连不断地产生"明天的工作不要紧吧""昨天说的话有错误"这样的"故事"，很多人在刚开始练习的时候，很快就会忘记观察的原本目的。

请不要沮丧。注意力分散是很正常的事，即使已经持续练习数十年，这种现象还是会常常出现。在耐心地坚持训练的过程中，心中的迷惘必定会减少，观察思维和情绪的时间也会变长。

换言之，观想训练就像处于云朵上的你在观看其他的云飘过一样。云是天气系统的一部分，想要改变它的形状或控制它的移动都是不可能的。那么，就像在给云写观察日记一样，请你也试着这样处理自己的思维与情绪吧。

4. 机缘性

机缘性是一种世界观，认为世界上并没有相互独立的存在，一切事物都处于因果关系的网络中。

例如，你现在穿的衣服并不是凭空出现在这个世界上的。向前追溯就会发现，是经销商将衣服出售给服装店，而在此之前，它是纺织工厂生产的商品。如果继续追溯棉花这一原材料的出处，就会来到棉花田。培育棉花需要种子和肥料，而育种又必须有优质的土壤、水和光照条件……就像这样，即使只是一件衣服，背后也有数不尽的因果联系缠绕在一起。这就是机缘性。

在自我的问题上也是同样的道理。说到底，如果没有与他人的关系，"我"这种存在也就不成立了。

"我"在家里是对孩子严格的家长，在公司里作为积极向上的领导受人景仰；"我"在学校里是一个沉默寡言的不起眼的人，在部分朋友面前却扮演引领者的角色……每个人都在与各种人的关系或记忆中定义自我，进而描绘出现在的"我"的样貌。

如果练习时没有以机缘性的思维方式作为基础，观察的副作用就很容易出现。由于将注意力转向"我是于周围而言独立的存在"这种想法或情绪，自我的轮廓会变得清晰，自我意识反而会膨胀。布法罗大学的研究团队对325名研究对象进行的研究验证了这一事实。该团队让半数实验对象认为"人类都是相互独立的存在"，又让另一半实验对象认为"人类都是相互依靠的存在"。实验对象在此基础上进行自我观察的训练。将人类理解为独立存在的实验对象参与志愿活动的意愿降低了33%，而认为人类具有机缘性的实验对象参与志愿活动的意愿增加了40%。简言之，机缘性的存在与否使观察显现出相反的效果。

如果要将机缘性纳入日常训练中，不妨采用以下方法。

慈经行

慈经行是指一边走一边为他人的幸福祈愿。

在各种训练方法中，慈经行让内心平静的效果较强。如在艾奥瓦州立大学的一项实验中，研究者要求

496名学生"在大学校园内行走时试着为他人的幸福祈愿",结果显示,12分钟的实践即可让焦虑与压力大幅减少。由此可见,通过为平时从不在意的路人祈求幸福,机缘性的感受增强了。

慈经行的实际操作非常简单,当你在上下班的路上或购物的时候与素不相识的人擦肩而过,就在心中默念"希望这个人能够健康快乐地生活",或"希望这个人能度过快乐的人生",每天练习10分钟。一开始可能会感觉很羞耻,大约1~2周后,为他人的幸福祈愿的心情就会逐渐变得真实,机缘性的感觉最终会根植在你的心中。这项练习具有平稳心情的功效,不妨在观想这类高难度训练之前进行练习。如果无法外出,也可以在家里为某位朋友或熟人的幸福祈愿。

5.超越性

超越性是指接触超过自己理解范畴的美好事物。例如,从大自然中获得震撼人心的感动,因想象宇宙的广阔而战栗,欣赏名画时不能言语,大家应该都有这样的经历。这些时候,你就是在体验超越性。

显然,这样的感觉会影响自我的存在方式。超越性的本义是"忘却自我般的体验",当你被自然或艺术的伟大震慑心魄,自我就没办法出现了。这是因为我们无法用语言来描述壮观的景色和优秀绘画作品的美感,大脑也就不能产生"故事"。

近年来,关于超越性的研究也有很多。在加利福尼亚大学一项以 20 178 人为对象的研究中,半数实验对象被要求在观察桉树的时候寻找让他们感动或惊奇的地方,例如"叶脉的线条有种说不出的美""从树皮的起伏中感受到生命力"。观察树木时留意动人之处的实验对象的行为发生了改变。与不考虑任何事情、仅仅随意观察桉树的实验对象相比,他们变得更加宽容,更愿意积极地帮助他人。超越性的体验让他们产生了一种"大我"的感觉,利己主义也就减弱了。

值得注意的是,仅仅是观察桉树这种平凡的体验也能让实验对象的自恋倾向减弱。所谓的超越并不一定要求我们去经历一些不寻常的事,只要有心去做,超越自我的感受可以来自世界上的任何一种事物。如果为自我意识过剩或利己主义的问题感到烦恼,就请将超越性的意识放在第一位,并尝试以下训练方法。

畏经行

畏经行是为了在日常生活中找到超越性而开发的训练方法。这种方法融合了禅宗中的技巧。研究证实，经过为期 8 周的实践，实验对象以自我为主的行为减少，幸福感得到了大幅提升。具体步骤如下：

①以吸气 6 秒、呼气 6 秒的速度深呼吸，并像平时一样在街道上行走。

②在走路的时候问自己："在这熟悉的场景中，是否有我从来没有注意过的新的惊奇之处或感动之处？"注意不要特地注意某一类事物，而是任由周围的声音、画面、气味等进入你的感官。

③如果在走路的时候开始思考其他事情，就先让注意力回到呼吸上，重复 6 秒一次的深呼吸，再重新进行寻找惊奇之处或感动之处的练习。

一开始可能会感觉很困难，找到感觉后，你在任何地方都能够发现超越性的存在。有的人会在河水的流动中感受到神秘，有的人则会为发明易拉罐拉环的人的头脑惊叹。具体引发反应的事物因人而异，但是再怎么熟悉的场景中也一定藏着"超越性的种子"。

如果尝试数次都没有感受到超越性，可以在练习时试着关注"物理特征上的宏大"或"新颖性"。之前提到的加利福尼亚大学的研究也指出，兼具这两种因素的地方更容易出现超越性。

具体而言，"两旁耸立着高大树木的小路"或"巨大的湖泊"等自然环境，以及"高楼大厦林立的大道"或"有历史纪念碑的广场"等城市环境都是典型的例子。请务必留意这两个方面，尝试在日常生活中寻找超越性的存在。

7 克服了自我的你，会形成一个"场"

　　至此，我们已经了解了许多种方法。所有方法的共同点在于，我们必须切实感受第 1 章、第 2 章介绍的自我的产生机制。不管尝试怎样的训练方法，随着经验的增长，你应当会体会到以下事实：

　　①自我、思维和情绪总会凭空出现。

　　②只要置之不理，自我、思维和情绪终会消散。

　　当这些认知逐渐渗透于大脑中，自我中心与杏仁核的联结最终会变弱，我们也就不再容易被大脑产生的故事左右。这是因为我们已经从心底感受到，负面情绪和思维都是维持个体生存的功能，它们不过是世事变迁的一部分。认识到这一点，许多人会感觉自己从人生的烦恼中得到了解脱。

然而，如果在此基础上对精神功能继续进行观察，有趣的变化会再次发生——你会感觉人生中所有构成自我的要素从一开始就和自己没有关系。

　　工作上的成果、受到夸奖的记忆、存款余额、肚子上的脂肪、性格、头衔、羞耻的回忆……

　　不管是正面的还是负面的，大脑都会意识到以往的人生中用来定义你自己的那些记忆和概念的虚构性，特地划分出一个"自我"几乎没有必要。其结果就是，这些内容的强度都会慢慢减弱。进入这种状态，我们就不能射出"第二支箭"。

　　为了避免误会，此处需要强调的是，达到无我的境界后，自我依然会出现在你的内心世界。自我本就是一种为了生存而存在的工具，我们不可能阻止它的出现。但是当你拥有了观察的能力，你就几乎不再会为自我感到烦恼。自我曾经是一种确切的存在，现在却变成了"许多故事中的一个"。

　　仅仅陈述这些道理可能难以理解，那就再次借助隐喻的力量吧。

　　请将自己想象成一座大山。

山上的天气变幻莫测，有时万里无云，有时风雨交加；山上可能是一片荒野，也可能是繁花盛开的景象。

　　然而，不管发生什么，山都是那座山。天气再恶劣，山本身也只是一个"场"。

　　此处的天气和状态都象征着自我产生的困难。克服了自我的你就像一个"场"，无论思维和情绪怎么变化无常，你都会不受影响地继续生存。

8
现在活着的自己到底是谁

到了这一步，有的人心里可能还是会有疑问。

"消除自我不就跟死了一样吗？"

变成"场"的"我"不会被焦虑与悲伤撼动，这固然是件好事，但这也就意味着丧失了喜悦与热情。那不就跟废人一样吗？就像太宰治在《人间失格》中描写的那样："我既没有幸福也没有不幸。一切都只会过去罢了。""我"的内心会不会变得只剩一片虚无？

似乎许多人都有同样的疑问。自古以来，日本就流传着这样的传说：

一天晚上，一位旅人在一间废弃的屋子里留宿。两个扛着人类尸体的鬼出现在这里，二者因为"这具尸体是谁的"而争抢起来。迟迟论不出胜负的两个鬼命令旅人来决定尸体的主人。

旅人当然没法判断谁应该做尸体的主人。思前想后,旅人说:"那是你的东西。"并胡乱指了指右边的那个鬼。意料之外的事情发生了:左边的鬼生气地将旅人的双臂拧断了,右边的鬼见状则将尸体的手臂拧断,接在了旅人身上。

两个鬼玩得起劲,便不断重复这个动作。左边的鬼把旅人的脚拧掉,右边的鬼就把尸体的脚给旅人接上……

最后,旅人的身体部位完全被尸体替代了。两个鬼不再吵架,它们各自分得一半尸体,吃完便不知去向何处了。

留在那里的旅人想:

"我的身体被鬼给吃掉了,那么现在活着的自己又是谁呢?"

成了"场"的你与这个身体被吃掉的人没有什么区别。将过去的记忆、现在的地位、对未来的期待等所有故事都分离出去后,你到底是谁呢?

智慧

真正的自由

1

无我的境界与智慧

进入无我状态的人到底会变成谁？他将拥有怎样的心态，又会采取怎样的行动？

关于这个问题，许多贤者都曾描述过这种体验。

佛经翻译家大竹晋认为，关于无我的最古老的描述来自公元5世纪的禅僧菩提达摩："怀有迷惘的时候，心被景色所包围。悟道之后，景色被心所包围。"

禅问答的集大成者、12世纪的僧人无门慧开曾这样说："绝不可将这种'无'理解为虚无的无或有无的无。……在耐心修炼的过程中，我们会越来越熟练，自然就不再能将自己与世界区分开来，二者会合二为一。"

此外，身为圆觉寺一派之长的明治禅僧朝比奈宗源这样说道："山川草木和所有的人都与自己是一体的，而且他们都富有生气地在自我之上生活与工作，时有所见，时有所闻，时有所说，时有所做。"

以上表述都很难解释清楚，它们的共同点在于，达到无我的状态后，自己与世界之间的界限消失了，取而代之的是精神世界扩张的感受和强烈的幸福感。

在欧洲，类似的说法也有很多。英国思想家阿伦·沃茨曾在服用致幻剂后感受到自我的消失和强大的幸福感，感觉"所有的差异好像都不存在了"。哈佛大学医学院的脑科学家吉尔·博尔特·泰勒 37 岁时因脑卒中丧失了自我认识相关的脑功能，并因此体会到"全身都被安稳的幸福感所包围的感觉"。

类似的说法数不胜数。自我消失后，他们几乎都有一种独特的一体感和安心感，人生的烦恼消失了，获得了一种强烈的幸福感。用本书的思想来说，我们或许可以认为，这是一种由自我定义的"故事"与自身剥离，精神功能由此得到扩张的状态。

然而，多数人应该还是很难认同这样的解释。关于无我的叙述再多，也不过是主观的证言，我们不可能从外部得知他们内心的真实感受。这个问题是再先进的科学测量技术也无法解决的。

因此，为了更好地理解无我引起的变化，本章将重点关注他们的行为。进入无我状态的人，究竟会有怎样的行为表现呢？他们会不为任何困难所动，表现出泰然自若的态度吗？还是说，他们就像超脱所有欲望的隐者一样，从不展现出任何反应？接下来，我们将针对这些问题进行思考。

可能有人会怀疑我们是否能够了解这些事情。实际上，近十几年来，这一领域引人深思的研究有所增加。具有代表性的是芝加哥大学及滑铁卢大学的学者组成的研究团队进行的关于智慧的研究。

在学术界，所谓的智慧并不代表智商的高低或知识的多少。其定义依然存在一些不明确的部分，但是综合多名专家的观点，我们可以认为智慧是以下几种技能的集合体：

①合理利用从人生经历中获得的知识。

②面对困难也可以以较低的焦虑水平采取行动。

③能够仔细体察自己和他人的精神状态。

简言之，拥有智慧的人善于将人生经历转换成实践方面的见解，能够镇定地处理问题，且擅长解读他人的心理。这种状态与英语中的"street smart"（街头智慧，指应对都市生活的困难和危险所需的知识和经验）相近，称之为智慧名副其实。

2 无我会让我们成为怎样的人

最新研究发现，无我与智慧之间存在着很强的关联。例如，芝加哥大学的研究团队对长期坚持冥想或实践"亚历山大技巧"（通过身体感觉加强自我觉察的方法）等身心训练的 298 名实验对象进行研究，调查了他们的共情能力、决策能力以及焦虑水平。结果显示，身心训练时间较长的实验对象体现出智慧水平较高的倾向。对于这个结果，研究团队得出结论：智慧可能是一种通过练习获得的能力，且观想训练提升智慧的效果尤为显著。

类似的研究还有很多。多项调查显示，无我可能会起到提升智慧水平的作用。那么无我究竟会让我们变成怎样的人呢？一些具体数据可以帮助我们了解这一点。

增加幸福感

观察训练对焦虑有改善作用，这一点与前面提到的观点一致。德比大学等高校的一项研究表明，观察还能够提高幸福感。这项研究以日本、泰国、尼泊尔等国家25年来每日坚持冥想的僧人为对象，在实验开始前，所有人都具备高度的幸福感与智慧水平。

研究团队让实验对象进行有关机缘性的冥想，并将测量结果与实验前的水平进行比较。结果显示，尽管实验对象原本就有很强的幸福感，他们的幸福感仍有所上升，正面情绪及对他人的慈悲心分别增加了10%和16%，负面情绪则减少了24%，对事物的执着心也减少了10%。

该研究论文的执笔者威廉·凡·戈登指出："从提升主观幸福感的角度来看，通过冥想，本体论式的依赖性减弱了，情绪和概念等给精神造成负担的内容似乎失去了存在的基础。"

本体论式的依赖性是指对"自我是一种确切的存在"这一思维方式的执着。这也就意味着，通过观察精神的动向，我们能够更加真实地体会到自我的机缘性，产生负面思维和情绪的基础消失了，其结果就是幸福感的提升。

提升决策能力

达到无我状态的人，他们的决策能力也容易提升。根据法国的欧洲工商管理学院的一项调查，综合关于观察训练的 90 项研究来看，经过长期训练的人主要具有以下特征：

①擅长客观判断：数十项研究表明，不执着于自我的人，具有擅长客观判断的倾向。虽然无我提升判断能力的原理仍不明确，但是许多研究者认为，观察的能力让自我的存在变得淡薄，这使得"自负"与"傲慢"消失，让不受主观影响的判断成为可能。

②信息处理质量较高：达到无我状态的人不容易被情绪和思维左右，他们不会依赖固有观念，更容易识别真正重要的信息。与此同时，由于他们不受外界压力的影响，因此处理信息时相应地也不会感受到焦虑和烦躁。

③能够从反馈中有所收获：对精准的决策来说，从经验中获得教训的过程是必不可少的。在这一方面，由于达到无我状态的人的自我不会受到伤害，他们能

够宽容地接纳来自他人的负面反馈，许多人能够将这些反馈运用到日后的决策中。

虽然支持每个观点的大多是初步数据，我们还不能给出确切的结论，但是可以认为，观察训练很有可能可以提升决策的精准度。

提升创造力

通过对熟练进行冥想的人的调查，拉德堡德大学的研究团队得出结论：训练时间越长的人越不容易感到焦虑或悲伤，他们对经验的开放性水平也较高。对经验的开放性是人类人格的一个维度，指的是一种有包容性、好奇心强、对情绪敏感的特性。拥有这种特性的人喜欢新鲜事物，容易产生创造性强的想法。

莱顿大学等高校的调查也得出了同样的结果，进行过观想这类训练的实验对象在创造性测试中取得了比初学者更好的结果。这似乎是因为正确的观想需要让精神能够自由地驰骋，因此意料之外的想法更容易在这一过程中出现。

增强人性

人性是指愿意将营养、安全感、乐趣等自己想要的东西给予他人的态度。无我境界越高的人，这种态度越明显，越能宽容地对待不同立场的人以及意见相左的人。

阿姆斯特丹自由大学的一项实验结果显示，仅仅进行了5分钟的观察训练，实验对象的共情能力及体察他人情绪的能力就提高了10%～20%。美国东北大学的一项实验发现，与没有进行训练的实验对象相比，每日进行20分钟观察训练并坚持8周的实验对象做出的帮助他人解决问题、倾听他人烦恼等利他行为增加了500%。

虽然这种变化发生的原因仍然不为人知，但是多数研究者认为，由于实验对象接近无我的状态，自己与他人的界限变得模糊，他人的幸福的优先度也就增加了。下面让我们详细说明这一点。

我们的自我原本具有一种将世界上的事物划分为"属于自己的事物"和"不属于自己的事物"的特性。例如，"自己的物品与他人的物品""与自己关系好的人和关系不好的人""自己参与的群体和没有参与的群体"等。

若要举一个具体的例子，就要提到以歧视研究著称的神经学家拉萨纳·哈里斯进行的一项实验。他给实验对象展示了不同社会阶级的人的照片，并观察所有实验对象大脑的变化。结果显示，在看到普通职员或学生的照片时，多数人大脑的背内侧前额叶皮质会被激活；看到流浪汉或贫困者的照片时，这一区域不产生反应。背内侧前额叶皮质是负责处理共情相关信息的区域，对于被判断为与自己无关的事物，它不会做出反应。也就是说，人类的大脑对被判断为"不属于自己"的人的处理方式与物品相同。

由于无我之人本就没有自我，他们的大脑不再能将世界划分成自我与其他。这样一来，他们会产生一种自己与他人的差别消失不见、二者融为一体的感觉，强大的安心感和人性的萌芽便由此产生。当自我与他人的区别消失，一切事物都会变成"属于自己的事物"，给"我"造成威胁的外敌也就不复存在。

在这一层面上，我们也可以将无我看作自我的覆盖范围无限扩大、将整个世界包括在内的一种状态。这种看待世界的方式恰与菩提达摩所说的"景色被心所包围"一致。

3

无我并不意味着舍弃所有欲望

宽容地对待他人、明辨事理、长期保持高度的幸福感……

这样看来，无我绝非人类的某种特殊的存在方式。即便自我消失了，也并不意味着我们可以超脱所有事物成为仙人，更不意味着我们可以蜕变为能够立刻解决所有问题的超人。

在中国南宋的禅书《五灯会元》中，有一则著名的故事就为我们揭示了这一事实。

从前，有位老妇人让一名僧人住在自家的别院，帮助他完成佛道的修行。为了让僧人吃、穿、住不用发愁，老妇人照顾他的生活起居长达20

年之久。一天，老妇人想知道僧人修炼到了什么地步，就嘱托伺候他的年轻姑娘："去拥抱那个住在别院的和尚，看他受不受诱惑。"

面对搂抱他的年轻姑娘，僧人没有动摇，回答道："枯木倚寒岩，三冬无暖气（就像枯木靠在寒冷的岩石上，经过三个冬天仍感觉不到温暖）。"

如果你认为老妇人会赞叹"不愧是长期坚持修行的高僧能达到的境界"，那就大错特错。老妇人听了僧人的话，勃然大怒："我20年只供养得个俗汉！"然后当场就把僧人赶出去，又放火把别院烧得一干二净。

这个故事想要表达的是：真正达到无我境界的人并非舍弃所有欲望的隐者。滑铁卢大学的伊戈尔·格罗斯曼对160名实验对象的智慧进行研究，得出以下结论："任何人都一定会有采取充满智慧的行动的场面。某些情况下，充满智慧的人也会在其他情况下采取错误的行动。"

这样的结论并不让人意外。例如，许多人对自己身上的问题感到束手无策，却能为朋友的烦恼找到最佳的解决方法；很多人的日常生活存在各种问题，却能在工作上给出明确的指示。对不同的人来说，自我启动的条件也大相径庭，因此利用智慧行动的概率不同也是正常的。

简言之，无我引发变化并不是高僧或仙人才能拥有的某种特别的境界，它可以被认为是所有人类与生俱来的"善的力量"增强的结果。当自我消失，我们就可以摆脱扭曲的思维和情绪的桎梏，理性、共情、判断等能力就能够充分地发挥作用。

4
无我给世界观带来的 3 种改变

最后，对无我之人世界观的变化进行总结，主要包括以下 3 点。

第一，无我会让你变成永远的初学者。

正如前文所述，过去的经历和他人的看法都会留存在我们的大脑中，我们会在这些信息的基础上过每天的生活。在这个系统的帮助下，我们能够高效地完成平日的任务，但是与此同时，它也是让多数人感到痛苦的根源。"现实大概会这样"这种推测和"现实应当如此"这种成见会让我们错失新颖的视角和想法。

但是，当自我的活动平息下来，我们就能与脑内浮现的思维和情绪拉开距离。这样一来，我们既不会轻易受推测和成见影响，也不会因某人的背叛感到失望，或被失败的挫折感打倒。此外，由于不再受知识和经验束缚，我们会对司空见惯的事物燃起好奇心或为之惊叹，能够用新的视角看待事物。

当然，这并不意味着基于过去的经历预测未来是没有意义的，也不意味着反省自己的失败是错误的。无我带来的初学者心态能够让你开放地对待所有可能性，让你在日常的琐事中也能体会到无比美妙的滋味。我们能够全面分析过去的经历和他人的意见，如果别人说的有道理就大方地采纳，如果是错误的就寻找其他方法。无我能够让我们拥有这种灵活变通的态度。

第二，无我会让你拥有无限的接受变化的能力。

事物的本质并不是一成不变的。即使了解朋友的脾气，某天也有可能与之决裂；再怎么在乎健康，也有可能疾病缠身；纵使对工作和学习万般注意，失败也很难避免。一切事物都会不可预料地发生改变，再完美的秩序也会崩塌。

因此，人类的大脑有一种厌恶变化的倾向。只要变化带来的益处不够多，我们的大脑就会通过产生焦虑与恐惧的情绪来抑制好奇心，试图维持原先的状态。

但是，如果不能接纳未知的信息，总是惧怕素未谋面的他人，人的成长就会停滞。在不断变化的现实世界中，如果停留在同一个地方，那么就连维持现状都会是一种奢望。

在这一方面，无我的精神会赋予你不畏惧变化的心态。这是因为，在到达无我境界的过程中培养的臣服能力会让我们从心底接纳世界的不确定性、复杂性以及混沌性，允许我们从容地思考：自己是否真的应该回避眼前的变化？

拥有了无限的接受能力，你将纯粹地以臣服的态度观望那些随变化而来的焦虑、恐惧与愤怒，在任由负面情绪出现的同时，积累丰富的经验，或与各种各样的人交往。如此一来，世界的变化就成了可能性的源泉。

第三，无我会给予你无与伦比的自由。

正如第5章所述，人类的精神世界就像一个"场"，各种各样的自我、情绪和思维会在这里凭空出现和消失。尽管如此，我们还是会误以为自我是一种绝对必要的存在，并且从不曾质疑大脑产生的负面"故事"。

这就是人的痛苦的起源。

显然，这样的我们并没有真正的自由。

假设你无缘无故地被朋友指责，于是你马上大声地反驳。遭到谩骂后进行反驳，这件事本身是好是坏要视具体情况而定，但是无论如何，这一行为是对方的行为引起的反射。

换言之，你的反应仅仅被对方的言语控制，相当于亲自舍弃选择其他行为的可能性。我们只能认为，行为被负面思维和情绪支配的状态是不自由的。

在这一方面，无我之人能够暂时与不愉快的思维和情绪拉开距离，他们有时间去分辨冲动之下的反应是否正确。因此，他们不会受外部控制力的影响，能够凭借自己的力量缩小行为的选择范围。

也就是说，真正的自由存在于你和你的自我之间。

尾声

精神训练中不可忽视的 5 个要点

　　本书介绍的精神训练方法是以合理的顺序排列的，只要按照从序章到终章的顺序阅读，就能逐步加深理解。但是，让我们烦恼的"故事"千差万别，每个人到达无我境界的过程都不尽相同。

　　因此，想要熟练运用每一种技巧，有一定的规范会更加方便。在实际进行训练的时候，请留意以下 5个方面。

　　①寻找适合自己的方法。

　　前面的章节反复强调，每个人的精神力量是不同的，根据成长环境和生活方式，最适合每个人的训练方法也有所不同。

　　例如，受扭曲的"故事"影响较强的人最好先建立牢固的"结界";如果苦于自我意识过剩,就应该以"无我"一章中的机缘性和超越性训练为主;如果被完美主义消耗了过多精力,优先进行臣服训练才比较有效。另外,如果被莫名的焦虑侵扰,不知为何感受不到幸福,且总是找不到痛苦的原因,就要先查明让自己烦恼的"恶法"的真实面目。

如果找不到最合适的方法,请再次阅读"影响停止与观察效果的5大因素"一节,在思考"现在的自己还缺少什么"的同时,从第3章到第6章中选择符合自身情况的方法。如果这样还是选不出合适的方法,就请尝试最不容易出错的"作务"和"止想"练习。

②以先"停止"后"观察"的顺序进行。

第二个要点是在刚开始进行无我训练时,最好先提高停止的能力。

平时我们习惯于将脑内的故事当作现实,却不习惯观察精神的动向。因此,在刚开始的阶段,先通过"止想"或"语想"训练提高停止的能力,再尝试"观想"或"畏经行"等观察类训练会更加有效。

此外,对大多数人来说,最困难的练习当属"观想"。虽然想要把握观察的感觉，观想是最佳的训练方法，但是我们需要较长的时间来培养默默注视意识徘徊的能力。因此，请不要过度执着于观想，可以偶尔搭配慈经行和畏经行进行练习，并做好持久战的准备。

③尽早摆脱严重的问题。

如果某些严重的问题正困扰着你，那么你现在就不适合进行精神训练。例如，如果你现在有"在黑心企业工作""遭到诈骗""被人威胁""遭受性侵""遭受家暴"等情况，请立刻向值得信赖的机构、朋友寻求帮助，或报警。

最重要的事是先保证自己的人身安全，之后再开始精神训练也不迟。

④对幸福也要臣服。

"臣服于幸福"是非常重要的一点。不管你进行怎样的训练，都不要想着"应该会感到幸福"或"一定要提升决策能力"，只要按部就班地做该做的事即可。

这一点似乎有些自相矛盾，但是近年的研究已经反复验证这一事实：越是追求幸福，实际的幸福感就越低。在丹佛大学2011年的一项研究中，研究者询问实验对象"平时认为幸福有多重要"，并对他们过去18个月体验到的压力水平进行比较。结果显示，越看重幸福的人对人生的满意度越低，具有压力水平偏高的倾向。在另一项研究中，研究者让320名实验对象记日记并持续数周，结果显示，越重视幸福感的人越容易感受到孤独，患抑郁症的概率也较高。

19世纪的某位哲学家说："不以幸福为直接目的的时候，反而容易达到幸福的目的。"这种现象出现就是因为人类具有这样一种机制。想来的确如此。如果总是考虑幸福，"我比理想中更幸福吗"或"我比从前更不幸吗"等想法就会浮现出来，这就使我们的注意力总是集中于自我。追求幸福的愿望会让你落入"自我注视"的陷阱。

但是，请不要误认为追求幸福是一件不好的事。度过美满人生的愿望对生物来说是理所应当的，这种愿望本身并没有善恶之分。

如果在训练过程中开始关注自己的幸福，请回想前文描述的观察的感觉，把这种心情也视作观察的对象。"追求幸福的愿望又出现了。"像这样，可以将对幸福的追求也当成一种"故事"。

⑤持续进行悟后起修。

"悟后起修"是禅学用语，指的是终其一生坚持精神训练的态度。即使感觉通过本书的训练在某些方面得到了改善，也不应就此止步，坚持练习的意识非常重要。

这种态度对修行来说之所以是不可欠缺的，是因为稳态功能的存在。正如第2章所述，稳态是让心理和身体保持一定状态的机制，它是人类生存不可或缺的功能之一。正是这个功能让我们能够应对外界的变化。

稳态的问题在于它虽然能够维持生命的稳定，但会让我们精神的变化停滞不前。感知到世界的变化时，人体就会感受到威胁并启动稳态系统，试图紧抓自己熟悉的"故事"不放。因为这一维持生存的功能写在我们的基因里，我们无法阻止它的运作，所以，我们只能不停地安抚想要回到过去的大脑。

你的消失并不是一件刚刚发生的事

得知训练需要持续一生，有的人可能会退缩。如果不必长久地坚持精神训练，而且能像开关电源一样轻松地让自我出现或消失就好了——这应该是大多数人的第一反应。

然而，这个世界上唯一保持不变的就是"一切都在发生改变"这一事实，所以精神回到过去的倾向是无论如何都无法避免的。现在的我们能做到的并非抵抗世界的变迁，也不是屈服于这种变迁，而是不断地重复停止与观察的过程。

还记得"无我"一章中那个旅人的身体被鬼啃食的故事吗？其实那个故事还有后续。肉体与尸体交换了的旅人慌忙地拜访了一位僧人，询问道：

"现在活着的我是真正的我吗？"

僧人答道：

"你的消失并不是一件刚刚发生的事。"

对我们来说，最重要的是要在理解故事引发痛苦机制的基础上，不断地培养"'我'是维持生命的功能带来的一种忽隐忽现的存在"这种意识。只要不在这一点上出错，你就不会迷失方向。